太阳能供暖设计原理与实践

Design Principle and Engineering Practice of Solar Heating

戎向阳　司鹏飞　石利军　刘希臣　李鹏宇　贾纪康　著

中国建筑工业出版社

图书在版编目（CIP）数据

太阳能供暖设计原理与实践＝Design Principle and Engineering Practice of Solar Heating/戎向阳等著. —北京：中国建筑工业出版社，2021.8

ISBN 978-7-112-26347-9

Ⅰ．①太…　Ⅱ．①戎…　Ⅲ．①太阳能-供热系统-设计　Ⅳ．①TK17

中国版本图书馆 CIP 数据核字（2021）第 140744 号

责任编辑：张文胜
责任校对：焦　乐

太阳能供暖设计原理与实践
Design Principle and Engineering Practice of Solar Heating
戎向阳　司鹏飞　石利军　刘希臣　李鹏宇　贾纪康　著

＊

中国建筑工业出版社出版、发行（北京海淀三里河路 9 号）

各地新华书店、建筑书店经销

霸州市顺浩图文科技发展有限公司制版

北京京华铭诚工贸有限公司印刷

＊

开本：787 毫米×1092 毫米　1/16　印张：14¼　字数：351 千字

2021 年 8 月第一版　　2021 年 8 月第一次印刷

定价：**148.00** 元

ISBN 978-7-112-26347-9

（37650）

应对气候变化和保障能源安全是我国乃至全球共同关切的问题，建筑作为重要的能源消费行业，解决好建筑的用能结构和能源消耗问题将对此产生重大作用。我国属于发展中国家，随着社会经济的发展，建筑总量还将不断增长，人们对室内热环境质量的要求也将不断提高，尤其是高原地区、农村地区，由于当前建筑热环境质量普遍不高，未来亟需提升和改善，这势必带来建筑能耗需求的进一步增长。如何解决好人们对美好生活品质的追求与能源供给、环境保护之间的矛盾，是建筑行业面临的重大挑战。广泛利用太阳能等可再生能源来降低建筑对外部能源的需求已成为一个非常重要的途径。本书出版正值我国"2030 年碳达峰、2060 年碳中和"的双碳目标提出之际，希望本书能对建筑合理、高效利用太阳能起到一定的作用。

长期以来，受设计工具的制约和设计理念的惯性影响，在太阳能建筑供暖系统设计中多采用稳态的、平均的设计计算方法，这种方法忽略了建筑热负荷和太阳辐照量随时间变化的特性，设计人员难以准确评价太阳辐照强度达到多少才能有效地为系统或房间提供热量，从而影响了系统设计参数的优化和系统运行控制策略的科学制定。为此，我们提出了"有效集热量""有效辐照量"的概念，并提出了基于有效集热量的被动式供暖、主动式供暖的设计方法和系统控制策略，以期使太阳能供暖系统设计更加优化、运行更加合理。

建筑设计直接影响供暖负荷和供暖能耗，现有的设计方法和标准主要基于围护结构均为失热构件的思维逻辑，规定了相应的建筑体形系数和各朝向窗墙比，来指导建筑体形设计。但是，围护结构的热过程与太阳辐照强度、室内外温差有关，在太阳能资源富集的严寒、寒冷地区，从整个供暖期来看，虽然非透明围护结构为失热构件，但透明围护结构未必是失热构件。合理设计某个朝向的窗墙比可能使该朝向的围护结构成为"得热面"，且从建筑体形设计来看，加大"得热面"的表面积将有利于减少全年供暖能耗。例如，我们希望建筑南向立面的面积尽量大一点、透明围护结构的占比尽量高一点，但是分离的"体形系数""窗墙比"等设计指标难以科学地指导建筑设计向得热最大化的方向进行优化。于是我们提出了"等效体形系数"的概念，综合不同朝向围护结构的得热与失热关系，以降低供暖期总热负荷为出发点来指导建筑体形设计。

无论是太阳能被动式供暖还是主动式供暖，太阳辐照量和建筑热负荷都是动态变化的，且供、需量在时间上是不同步的，解决好太阳能供暖的蓄热问题是利用好太阳能的关键所在。在太阳能被动利用方面，重点需解决透明围护结构得热与保温的矛盾问题、建筑构件蓄/放热速率偏低问题，以减少热负荷、降低房间温度的昼夜波动；在太阳能主动利用方面，则需要解决集热器与蓄热水箱的匹配问题、供暖系统热品位稳定问题，以最大化发挥集热系统作用、保障供暖品质、提高太阳能的贡献率。本书结合团队近二十年的工程实践和研究成果，介绍了相应的工程设计计算方法和实际工程解决方案，以供同行参考。

本书是在团队承担的国家自然科学基金项目"高原建筑太阳能热电动态耦合过程研究""高原组合式被动太阳能建筑的热过程机理研究"、美国能源基金会中国可持续能源项目"典型公共建筑太阳能综合利用"、国家 863 计划"适应关键负荷的光/热/储微网系统设计集成技术研究"、四川省住房和城乡建设厅课题"四川省建筑太阳能综合利用研究"等项目的研究成果基础上整理而成的，在此一并表示感谢。

在相关研究和工程设计过程中，得到了江亿院士、罗继杰大师、林海燕院长、付祥钊教授、潘云钢总工等行业专家的指导和帮助，借本专著出版之际，特别向他们致以诚挚的感谢！

限于著者的学术水平，本书难免有诸多不妥之处，敬请各位同行、专家斧正！

戎向阳

2021 年 6 月 16 日

本书常用物理量及符号表

符号	物理意义
I_{sc}	太阳常数，$1353W/m^2$
E	时间方程（Equation of time）
σ	斯蒂芬—波尔兹曼常数，$5.67 \times 10^{-8} W/(m^2 \cdot K^4)$
$I_{sc,\lambda}$	以波长 λ 为中心的辐照度，$W/(m^2 \cdot \mu m)$
δ	赤纬角，°
ω	太阳时角，每小时对应的时角为 15°
γ_s	方位角
θ_z	天顶角
α_s	高度角
K_d	水平面上散射与总辐射的日总辐照量月平均值之比
K_T	水平面上总辐射与在大气上界总辐射的日总量月平均值之比
I_{dH}	水平面上散射的日总量月平均值，$MJ/(m^2 \cdot d)$
I_H	水平面上总辐射的日总量月平均值，$MJ/(m^2 \cdot d)$
I_0	大气上界水平面上总辐射的日总量月平均值，$MJ/(m^2 \cdot d)$
I	水平面逐时辐照量，MJ/m^2
H	月平均逐日辐照量，MJ/m^2
I_{on}	一年中第 n 天（顺序日历天）地球大气层上界与太阳光线垂直的表面上的太阳辐照度，W/m^2
τ_b	大气透明度
I_{df}	晴天的散射辐照度
f_n	太阳能保证率
K	太阳能资源稳定程度指标
P	静态投资回收期
S_{eq}	等效体形系数
F_y	有效得热面对应的等效面积，m^2
K_y	等效面积折合系数
$\sum_{i=1}^{n} Q_{cy}$	整个供暖期内单位面积外窗累计净得热量
$\sum_{i=1}^{n} Q_{qy}$	整个供暖期内房间单位面积墙体的累计失热量
q_{st}	地板蓄热量，kWh
η	集热器的集热效率
I_T	集热器单位面积上接收的太阳辐照度，W/m^2
$Q_u(h)$	h 时刻集热器的有效集热量，kJ

符号	物理意义
$I_T(h)$	h 时刻集热器采光面入射太阳辐照度,W/m^2
$I_{Dg\theta}(h)$	h 时刻倾斜表面上的太阳直射辐照度,W/m^2
$I_{dg\theta}(h)$	h 时刻倾斜表面上的太阳散射辐照度,W/m^2
$I_{Rg\theta}(h)$	h 时刻地面反射的太阳辐照度,W/m^2
$I_{DH}(h)$	h 时刻水平面上的直射辐照度,W/m^2
$I_{dH}(h)$	h 时刻水平面上的太阳散射辐照度,W/m^2
Q_u	供暖季集热器的有效集热量,kJ
A_C	直接系统太阳能集热器采光面积,m^2
D	集热器与遮光物或集热器前后排的最小距离,m
A_{IN}	间接系统太阳能集热器采光面积,m^2
Q_{hx}	间接系统热交换器换热量,kW
$Q_j(h)$	第 h 时刻集热器集热量,kJ

目 录
CONTENTS

第1章

太阳能供暖基础与概述

　　人类对太阳能的利用几乎伴随了人类文明进程的全过程，在 20 世纪以前其发展相对缓慢。20 世纪 70 年代"石油危机"爆发，使人们意识到现有的能源结构必须转变，由此太阳能被提到"未来能源结构基础"的重要地位。20 世纪 90 年代以来由于大量燃烧化石类能源，全球性的环境污染和生态破坏已经对人类的生存和发展构成了严重威胁。世界各国已将清洁能源利用与环境保护结合起来制定相应的政策。太阳能作为取之不竭的可再生清洁能源，其开发、利用也得到了前所未有的重视。

　　我国是太阳能资源丰富的国家，全国年总辐射量在 3340～8400MJ/m² 之间。我国总面积 2/3 以上地区年日照时数大于 2000h，与同纬度的其他国家或地区相比，和美国类似，但比欧洲、日本丰富许多。我国西藏、青海、新疆、甘肃、宁夏、内蒙古、川西高原的总辐射量和日照时数相对较高，属世界太阳能资源丰富地区之一。因此，我国应该加大太阳能的开发力度，为"2030 年的碳达峰和 2060 年的碳中和"目标的实现，发挥积极的作用。

　　近年来太阳能光热技术作为太阳能利用的重要手段，其应用规模得到大幅度增长。图 1-1 给出了全球在运行的太阳能光热系统安装容量和每年产生的热能[1]，从图中可以看出，太阳能光热安装容量从 2000 年的 62GW，增加到了 2019 年的 479GW，每年产生的太阳能热能由 2000 年的 51TWh，增加到了 2019 年的 389TWh。

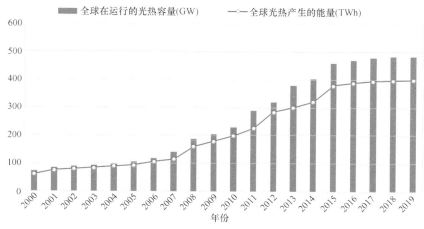

图 1-1　全球在运行的太阳能光热安装容量和每年产生的热量

　　太阳能光热利用主要包括光热供暖、光热发电和太阳能热水等方式。近年来光热供暖技术在单体建筑和大型太阳能区域供暖等领域得到了快速应用。2019 年，在欧洲安装了 22 个大型太阳能区域集中供暖系统。2019 年，我国太阳能大型区域集中供暖系统安装集热面积为 $57386m^2$，集热功率约 40MW。图 1-2 给出的是我国西藏曲水县单体建筑太阳能供暖建成实景，图 1-3 给出的是我国西藏仲巴县城太阳能区域供热项目建成实景[1]。

图 1-2　我国西藏曲水县单体建筑太阳能供暖　　　　图 1-3　我国西藏仲巴县城太阳能区域供暖

1.1　太阳辐射的基础知识

太阳直径约为 $1.39×10^9$ m，离地球距离约为 $1.5 × 10^{11}$m，太阳密度约为水的 100 倍，其内部中心区域温度为 $8×10^6 ∼ 40×10^6$K[2]。太阳的结构示意如图 1-4 所示[2]，约 90% 的能量是在 0 到 0.23R 的范围内产生的（R 是太阳的半径），这个范围包含了太阳 40% 的质量。在距中心 0.7R 的距离处，温度降至约 130000K，密度降至 $70kg/m^3$；从

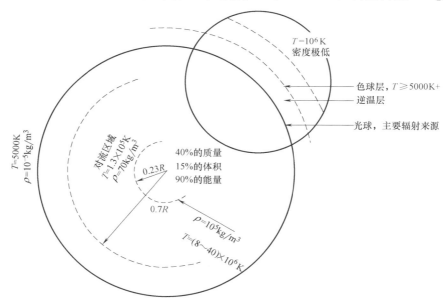

图 1-4　太阳的结构图

$0.7R$ 至 $1.0R$ 的区域称为对流区域，温度降至约 5000K，密度降至 $10^{-5}\mathrm{kg/m^3}$。太阳并不是一个在固定温度下的黑体辐射体，太阳辐射是不同结构层发射和吸收各种波长辐射合成后的结果。

地面上建筑表面或太阳能集热器表面所获得的太阳辐射照度主要受天文因素、地理因素、物理因素和几何因素的影响，其中，天文因素主要指日—地距离、太阳赤纬角、太阳时角；地理因素主要指受当地的纬度、经度和海拔高度影响，导致太阳在某时刻与地球上某处的相对位置变化；物理因素是指太阳辐射进入大气层的衰减情况；几何因素则是指太阳辐射接收表面的方位和倾角。

1.1.1 太阳常数

地球大气层上界与太阳光线垂直的表面上，单位面积、单位时间内接收到的太阳辐射能量定义为太阳常数 I_{sc}，其计算公式如式（1-1）所示[3]。太阳常数 I_{sc} 是日—地距离的函数，因地球绕太阳运行的椭圆轨道其长短轴偏心率仅为 $\pm 3\%$，它引起的 I_{sc} 的变化仅为年平均值的 $\pm 3.3\%$，故可认为 I_{sc} 为常数，当前国际公认的 I_{sc} 实测值为 $1353\mathrm{W/m^2}$。

$$I_{sc}=\frac{\sigma T_s^4 R_s^2}{D_{s-e}^2}(\mathrm{w/m^2}) \tag{1-1}$$

式中 σ——斯蒂芬—波尔兹曼常数，取 $5.67\times 10^{-8}\mathrm{W/(m^2 \cdot K^4)}$；

T_s——太阳表面的平均温度，K；

R_s——太阳半径，km；

D_{s-e}——太阳中心到地球中心的直线距离（见图1-6），km。

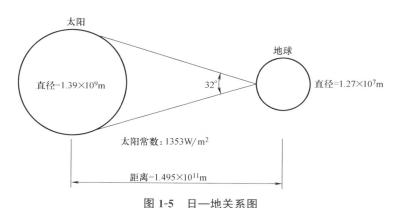

图 1-5 日—地关系图

1.1.2 太阳频谱分布

除了太阳光谱中的总能量（即太阳常数）之外，了解大气层外太阳辐射的光谱分布非常必要。目前已有的研究根据高空和空间测量结果，编制了标准光谱辐照度数据，如表1-1所示[2]。$I_{sc,\lambda}$ 是以波长 λ 为中心的辐照度（比如，在 $0.600\mu m$ 的时候，1748.8W/$(\mathrm{m^2 \cdot \mu m})$ 指的是 $0.595\mu m$ 和 $0.610\mu m$ 的波长平均值的辐照度）。其中紫外线主要集中

在 $0.3\sim0.4\mu m$，占据太阳辐射总能量的 5%；可见光主要集中在 $0.4\sim0.7\mu m$，占据太阳辐射总能量的 43%；红外线主要集中在 $0.7\sim2.5\mu m$，占据太阳辐射总能量的 52%。太阳频谱特性对于被动太阳能利用的窗户玻璃和集热器的透光部件选择具有重要指导意义，将影响被动集热效果和主动集热效率。

波长间隔内的大气层外太阳辐照（WRC 光谱）   表 1-1

λ (μm)	$I_{sc,\lambda}$ $[W/(m^2 \cdot \mu m)]$	λ (μm)	$I_{sc,\lambda}$ $[W/(m^2 \cdot \mu m)]$	λ (μm)	$I_{sc,\lambda}$ $[W/(m^2 \cdot \mu m)]$
0.250	81.2	0.520	1849.7	0.880	955.0
0.275	265.0	0.530	1882.8	0.900	908.9
0.300	499.4	0.540	1877.8	0.920	847.5
0.325	760.2	0.550	1860.0	0.940	799.8
0.340	955.5	0.560	1847.5	0.960	771.1
0.350	955.6	0.570	1842.5	0.980	799.1
0.360	1053.1	0.580	1826.9	1.000	753.2
0.370	1116.2	0.590	1797.5	1.050	672.4
0.380	1051.6	0.600	1748.8	1.100	574.9
0.390	1077.5	0.620	1738.8	1.200	507.5
0.400	1422.8	0.640	1658.7	1.300	427.5
0.410	1710.0	0.660	1550.0	1.400	355.0
0.420	1687.2	0.680	1490.2	1.500	297.8
0.430	1667.5	0.700	1413.8	1.600	231.7
0.440	1825.0	0.720	1348.6	1.800	173.8
0.450	1992.8	0.740	1292.7	2.000	91.6
0.460	2022.8	0.760	1235.0	2.500	54.3
0.470	2015.0	0.780	1182.3	3.000	26.5
0.480	1975.6	0.800	1133.6	3.500	15.0
0.490	1940.6	0.820	1085.0	4.000	7.7
0.500	1932.2	0.840	1027.7	5.000	2.5
0.510	1869.1	0.860	980.0	8.000	1.0

1.1.3 太阳时和时间方程

在太阳角度计算中所指的时间都是太阳时，它与当地时钟所指的时间是不一致的。因此，有必要将标准时间修正为太阳时，我国的标准时间是北京时间，太阳时则按式（1-2）计算[2,3]：

$$太阳时＝北京时间＋E－4×(120－L_{loc}) \tag{1-2}$$

式中　E——时间方程（Equation of time），它是由于地球绕太阳的公转速度全年微小动态变化造成的，文献［2］和文献［4］分别给出了其计算方法见式（1-3）和式（1-5），单位为分钟；

　　　L_{loc}——当地的经度。

$$E=229.2(0.000075+0.001868\cos B-0.032077\sin B-0.014615\cos 2B-0.04089\sin 2B)$$

$$\text{(1-3)}$$

式中，B 可通过式（1-4）进行计算，n 为一年中的日期序号（第 n 个日历天）。

$$B=(n-1)\frac{360}{365} \tag{1-4}$$

$$E=9.87\sin(2C)-7.53\cos(C)-1.5\sin(C)\;[\min] \tag{1-5}$$

式（1-5）中 C 可通过式（1-6）进行计算：

$$C=(n-81)\frac{360}{364} \tag{1-6}$$

太阳时和时间方程参数是日—地相对位置计算的重要参数，对太阳能集热计算中的逐时太阳辐照度数值将产生重要影响。

1.1.4 日—地相对位置角度参数

1. 太阳赤纬角

太阳光线在地球表面直射点 A 与地球中心 O 的连线 AO 与其在赤道平面上的投影 OQ 间的夹角称为太阳赤纬角，见图 1-6。相对于赤道平面，太阳与地球间的任何夹角都是与赤道平面的夹角，可以将地球压缩成一个赤道面来看待，因而世界各地只要日期相同，就具有相同的赤纬角，日期不同，则赤纬角不同。赤纬角描述地球因一定的倾斜度绕太阳公转而引起二者相对位置的变化，地球在公转时，其自转轴与轨道平面保持 $66°33'$ 的夹角，因而赤纬角在一年中的不同日期都具有不同的数值。赤纬角在一年中的变化用式（1-7）或（1-8）计算：

$$\delta=23.45\sin\left(\frac{2\pi d}{365}\right)(°) \tag{1-7}$$

$$\delta=23.45\sin\left[\frac{360\times(284+n)}{365}\right](°) \tag{1-8}$$

式中　δ——一年中第 n 天或离春分第 d 天的赤纬角，春分和秋至日 $\delta=0$，冬至日 $\delta=-23.5°$，夏至日 $\delta=+23.5°$，如表 1-2 所示；

d——由春分日算起的第 d 天。

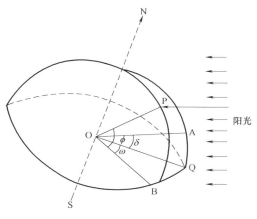

图 1-6　赤纬角与时角

太阳赤纬 δ（°）与日期对照表 表 1-2

月 \ 日	1	5	9	13	17	21	25
1	−23.1	−22.7	−22.2	−21.6	−20.9	−20.1	−19.2
2	−17.3	−16.2	−14.9	−13.7	−12.3	−10.9	−9.4
3	−7.9	−6.4	−4.8	−3.3	−1.7	−0.1	+1.5
4	+4.2	+5.8	+7.3	+8.7	+10.2	+11.6	+12.9
5	+14.8	+16.0	+17.1	−18.2	+19.1	+20.0	+20.8
6	+21.9	+22.5	+22.9	+23.2	+23.4	+23.4	+23.4
7	+23.2	+22.9	+22.5	+21.9	+21.3	+20.6	+19.8
8	+18.2	17.2	+16.1	+14.9	+13.7	+12.4	+11.1
9	+8.6	+7.1	+5.6	+4.1	+2.6	+1.0	−0.5
10	−2.9	−4.4	−5.9	−7.5	−8.9	−10.4	−11.8
11	−14.2	−15.4	−16.6	−17.7	−18.8	−19.7	−20.6
12	−21.7	−22.3	−22.7	−23.1	−23.3	−23.4	−23.4

2. 太阳时角

太阳时角描述的是因地球自转而引起的日—地相对位置的变化。图 1-7 中，地面上任意一点 P 与地心连线 OP 在赤道平面上投影 OB 与当地 12 点钟的日—地中心连线在赤道平面上投影 OQ 之间的夹角称为太阳时角[4]，计算公式见式（1-9）。地球自转一周为 360°，对应的时间为 24h，故每小时对应的时角为 15°，从正午算起，上午为负，下午为正，数值等于离正午的时间（小时）乘以 15。日出、日落时的时角最大，正午时为零。时角和时间的转换关系如表 1-3 所示。

$$\omega = \left\{ 15 \left[\left(T_v + \frac{E}{60} \right) - 12 \right] - (120 - L_{loc}) \right\} \tag{1-9}$$

式中 T_v——当地时间。

时角与时间的关系 表 1-3

时角单位	等值时间
1 弧度	3.819719h
1°	4min
1 弧分	4s
1 弧秒	0.066667s

3. 高度角、天顶角、方位角

图 1-7 中，太阳光线 OP 和地平面法线 QP 之间的夹角称为天顶角 θ_z；太阳光线 OP 和它在地平面上投影线 Pg 之间的夹角称为高度角，它表示太阳高出水平面的角度，高度角的计算如式（1-10）所示；高度角与天顶角的关系如式（1-11）所示，天顶角的计算如式（1-12）所示。地平面上正南方向线 PS 与太阳光线在地平面上投影 Pg 间的夹角称为方位角 γ_s，它表示太阳光线的水平投影与正南方向的夹角，太阳光线的水平投影在东向

时方位角为负，太阳光线的水平投影在西向时方位角为正，由式（1-13）或式（1-14）计算[2]。

$$\sin\alpha_s = \sin\phi \cdot \sin\delta + \cos\phi \cdot \cos\delta \cdot \cos\omega \quad (1-10)$$

$$\theta_z + \alpha_s = 90° \quad (1-11)$$

$$\cos\theta_z = \cos\phi\cos\delta\cos\omega + \sin\phi\sin\delta \quad (1-12)$$

$$\sin\gamma_s = \frac{\cos\delta \cdot \sin\omega}{\cos\alpha_s} \quad (1-13)$$

$$\cos\gamma_s = \frac{(\sin\alpha_s \cdot \sin\phi - \sin\delta)}{(\cos\alpha_s \cdot \cos\phi)} \quad (1-14)$$

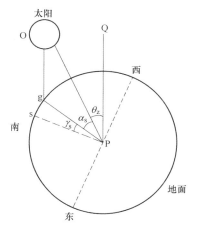

图 1-7 太阳高度角、天顶角和方位角

式中 ϕ——当地纬度。

地面太阳能集热器采光面上所截获的太阳辐照度的大小的主要影响因素有：天文因素，主要指日—地距离，太阳赤纬角，太阳时角；地理因素，指由于当地的纬度、经度和海拔高度导致太阳在某时刻与地球上某处的相对位置变化；物理因素，指太阳辐射进入大气层的衰减情况；几何因素，指太阳辐射接收表面的方位和倾角。上述日—地相对位置的角度参数，主要用于逐时太阳辐照度的计算，对太阳能集热量计算结果具有重要影响。

1.2 太阳辐射的估算方法

由于集热器表面所接收到的太阳辐照量计算中，需要分别将水平面逐时直射辐射和散射辐射作为基础输入数据，但是由于气象台站条件所限，实际工程应用中不能给出直射辐射和散射辐射，甚至部分地区缺少气象台站，导致辐照数据缺失，因此需要给出太阳辐射的估算方法，便于工程应用。

1.2.1 直射与散射分离估算

当气象台站只能提供以小时为间隔记录的水平面太阳总辐射时，工程设计中需要把总辐射量分离成为直射和散射两部分数据，用于太阳集热量的计算。散射辐射可采用回归方程式（1-15）计算。

$$K_d = \frac{I_{dH}}{I_H} = 1.390 - 4.027K_T + 5.531K_T - 2 - 3.108K_T - 3 \quad (1-15)$$

式中 K_d——水平面上散射与总辐射的日总辐照量月平均值之比；

K_T——水平面上总辐射与在大气上界总辐射的日总量月平均值之比，$K_T = I_H/I_0$；

I_{dH}——水平面上散射的日总量月平均值；

I_H——水平面上总辐射的日总量月平均值（由气象台站提供）；

I_0——大气上界水平面上总辐射的日总量月平均值，见表1-4。

北纬 20°～65°大气上界水平面上太阳辐射的日总量月平均值［单位：MJ/(m² · d)］表 1-4

月份 \ 纬度	20°	25°	30°	35°	40°	45°	50°	55°	60°	65°
1	26.63	23.89	21.04	18.09	15.08	12.04	9.04	6.14	3.46	1.20
2	30.14	27.90	25.45	22.84	20.08	17.19	14.24	11.25	8.25	5.36
3	34.29	32.87	31.19	29.27	27.14	24.80	22.28	19.60	16.78	13.84
4	37.42	37.02	36.36	35.43	34.25	32.84	31.19	29.34	27.32	25.16
5	38.78	39.27	39.50	39.47	39.21	38.73	38.03	37.19	36.25	35.37
6	39.02	39.92	40.59	41.11	41.21	41.21	41.04	40.76	40.48	29.15
7	38.76	39.45	39.91	40.11	40.09	39.85	39.43	38.86	38.26	37.81
8	37.69	37.64	37.32	36.74	35.71	34.84	33.56	32.07	30.45	28.73
9	35.15	34.08	32.77	31.19	29.38	27.35	25.13	22.71	20.12	17.40
10	31.19	29.18	26.98	24.57	22.01	19.30	16.46	13.53	10.57	7.60
11	27.28	24.66	21.92	19.04	16.09	13.10	10.10	7.17	3.84	1.95
12	25.40	22.56	19.61	16.59	13.54	10.50	7.54	4.73	2.24	0.35

1.2.2　逐时辐照量估算

在太阳能利用的工程设计中，通常需要逐时辐照量来进行应用分析和系统设计优化。而部分气象台站由于测量条件的限制，只能给出日辐照量数据，因此需要通过日辐照量来估算逐时辐照量。Collares-Pereira and Rabl 提出了利用日辐照量估算逐时辐照量的计算方法，计算公式见式（1-16）[2]。

$$I = r_t \cdot H \tag{1-16}$$

式中　I——水平面逐时辐照量；

　　　H——月平均逐日辐照量。

$$r_t = \frac{\pi}{24}(a + b\cos\omega)\frac{\cos\omega - \cos\omega_s}{\sin\omega_s - \frac{\pi\omega_s}{180}\cos\omega_s} \tag{1-17}$$

式中　ω——时角，°；

　　　ω_s——日落时候的时角，°。

系数 a，b 可以通过式（1-18）、式（1-19）计算。

$$a = 0.409 + 0.5016\sin(\omega_s - 60) \tag{1-18}$$

$$b = 0.6609 - 0.4767\sin(\omega_s - 60) \tag{1-19}$$

1.2.3　晴天太阳辐照度估算

对于缺少气象台站的偏远地区（如青藏高原等地），可首先通过太阳常数估算大气层上界的水平面太阳辐照度，再利用大气层上界的水平面太阳辐照度，考虑气候区和海拔高度等影响，估算得到晴天逐时的水平面太阳直射辐射和散射辐射，来解决工程设计时太阳辐照数据缺失的问题。

1. 大气层上界的水平面太阳辐照度

大气层上界太阳辐照变化有两个影响因素：第一是由于太阳黑子运动产生的太阳辐照本身的变化，波动范围为 $\pm 1.5\%$；第二是日地间距的变化带来的影响，波动范围为 $\pm 3.3\%$。目前研究给出了两种适用于工程的太阳辐照度计算方法，其中式（1-20）为简化的计算方法，式（1-21）为精度更高的计算方法[2]。

$$I_{on} = I_{sc}\left(1 + 0.033\cos\frac{360n}{365}\right) \tag{1-20}$$

$$I_{on} = I_{sc}(1.000110 + 0.034221\cos B + 0.001280\sin B + 0.000719\cos 2B + 0.000077\sin 2B) \tag{1-21}$$

式中 I_{on}——一年中第 n 天（顺序日历天）地球大气层上界与太阳光线垂直的表面上的太阳辐照度，W/m^2。

大气层外的水平面太阳辐照度 I_o 可按式（1-22）进行计算。

$$I_o = I_{on} \cdot \cos\theta_z \tag{1-22}$$

2. 逐时太阳辐照度估算

大气在散射和吸收辐射中的作用随大气条件和空气质量的变化而变化。定义标准的"晴朗"天空，对于在这些标准条件下，计算水平面上逐时太阳辐照度具有重要意义。Hottel 提出了一种估算直射辐照度的方法，该方法考虑了天顶角、海拔、气候区等多个影响因素。大气透明度 τ_b 按式（1-23）计算[2]。

$$\tau_b = a_0 + a_1\exp\left(\frac{-k}{\cos\theta_z}\right) \tag{1-23}$$

式中，a_0，a_1，k 是标准大气条件下（具有 23km 能见度）的大气透明度计算常数，在海拔低于 2.5km 的情况下，可以通过式（1-24）、式（1-25）、式（1-26）进行计算。

$$a_0 = 0.4237 - 0.00821(6-A)^2 \tag{1-24}$$

$$a_1 = 0.5055 + 0.00595(6.5-A)^2 \tag{1-25}$$

$$k = 0.2711 + 0.01858(2.5-A)^2 \tag{1-26}$$

式中 A——海拔高度，km。

对于不同气候区，上述常数应分别乘以相应的修正系数进行修正（见表1-5）。

不同气候区的修正系数　　　　　　　　　　　　　　　　　　表 1-5

气候区	a_0 的修正系数	a_1 的修正系数	k 的修正系数
热带气候	0.95	0.98	1.02
中纬度夏季	0.97	0.99	1.02
亚北极夏季	0.99	0.99	1.01
中纬度冬季	1.03	1.01	1.00

因此，晴天逐时的水平面太阳直射辐照度 I_{cb} 可用式（1-27）计算。晴天的散射辐照度 I_{df} 可用式（1-28）计算。

$$I_{cb} = I_o\tau_b\cos\theta_z \tag{1-27}$$

$$I_{df} = I_o(0.271 - 0.294\tau_b) \tag{1-28}$$

1.3 太阳能资源评价与区划

太阳能资源决定了太阳能应用的可行性，合理的太阳能资源评价与区划是评估太阳能开发利用的基础和关键。对于太阳能供暖工程项目前期，常用的太阳能资源评价方法是基于全年利用的太阳能资源评价[6-8]。该方法通过对太阳能资源丰富程度的评估，初步分析太阳能供暖技术应用的可能性和合理性，同时结合太阳能资源稳定性评估，可确定辅助热源设置的必要性，为太阳能供暖系统整体方案设计提供基础依据。

1.3.1 基于全年利用的太阳能资源评价

1. 基于全年利用的太阳能资源评价方法

目前太阳能资源评估方法较多且差异较大，造成各地的太阳能资源缺乏可比性。针对此种情况，《太阳能资源评估方法》（QX/T89—2018）[8] 对太阳能资源的评估，给出了客观化和规范化的评价体系。

该标准采用太阳能资源丰富程度、稳定程度指标对太阳能资源进行分级评估。以水平面太阳能总辐照量的年总量为指标，对太阳能的丰富程度进行评估，资源区划等级如表 1-6 所示。

年水平面总辐照量（GHR）等级　　　　　　　　表 1-6

等级	等级符号	分级阈值（MJ/m²）	分级阈值（kWh/m²）
最丰富	A	GHR≥6300	GHR≥1750
很丰富	B	5040≤GHR＜6300	1400≤GHR＜1750
丰富	C	3780≤GHR＜5040	1050≤GHR＜1400
一般	D	GHR＜3780	GHR＜1050

太阳能资源稳定程度用全年中各月平均日辐照量的最小值与最大值的比值表示（见表 1-7）。

水平面总辐射稳定度（GHRS）等级　　　　　　　表 1-7

分级阈值	稳定程度	等级符号
GHRS≥0.47	很稳定	A
0.36≤GHRS＜0.47	稳定	B
0.28≤GHRS＜0.36	一般	C
GHRS＜0.28	欠稳定	D

注：GHRS 表示水平面总辐射稳定度，计算 GHRS 时，首先计算代表年各月平均日水平面总辐照量，然后求最小值和最大值。

利用太阳能资源丰富程度的评价方法，可得到我国太阳能资源区划，如表 1-8 所示[7,10]。

我国太阳能资源区划

表 1-8

分区	太阳辐照量 [MJ/(M²·a)]	主要地区	月平均气温≥ 10℃、日照时 数≥6h 的天数
资源极富区	≥6700	新疆南部、甘肃西北一角	275 左右
		新疆南部、西藏北部、青海西部	275~325
		甘肃西部、内蒙古巴彦淖尔市西部、青海一部分	275~325
		青海南部	250~300
		青海西南部	250~275
		西藏大部分	250~300
		内蒙古乌兰察布市、巴彦淖尔市及鄂尔多斯市一部分	>300
资源丰富区	5400~6700	新疆北部	275 左右
		内蒙古呼伦贝尔市	225~275
		内蒙古锡林郭勒盟、乌兰察布市、河北北部一隅	>275
		山西北部、河北北部、辽宁部分	250~275
		北京、天津、山东西北部	250~275
		内蒙古鄂尔多斯市大部分	275~300
		陕北及甘肃东部一部分	225~275
		青海东部、甘肃南部、四川西部	200~300
		四川南部、云南北部一部分	200~250
		西藏东部、四川西部和云南北部一部分	<250
		福建、广东沿海一带	175~200
		海南	225 左右
资源较富区	4200~5400	山西南部、河南大部分及安徽、山东、江苏部分	200~250
		黑龙江、吉林大部分	225~275
		吉林、辽宁、长白山地区	<225
		湖南、安徽、江苏南部、浙江、江西、福建、广东北部、湖南东部和广西大部分	150~200
		湖南西部、广西北部一部分	125~150
		陕西南部	125~175
		湖北、河南西部	150~175
		四川西部	125~175
		云南西南一部分	175~200
		云南东南一部分	175 左右
		贵州西部、云南东南一隅	150~175
		广西西部	150~175
资源一般区	<4200	四川、贵州大部分	<125
		成都平原	<100

2. 应用于供暖工程存在的不足

但是，上述太阳能资源评价方法是基于全年太阳能利用的，而对于供暖工程应用，更有意义的是冬季的太阳辐照量。由于不同地区全年太阳能逐月的分布规律不同，上述评价方法可能存在偏差。以拉萨、北京、成都为例，图1-8对比了上述三座城市太阳能月辐照量变化情况。其中，拉萨全年的总辐照量是北京的1.45倍，是成都的2.3倍；冬季拉萨的总辐照量是北京的1.67倍，是成都的3倍；最冷月拉萨的总辐照量达到了北京的1.94倍，成都的3.35倍。随着供暖季室外温度的不断降低，拉萨市太阳能总辐照量相较于北京、成都的倍数越来越高。

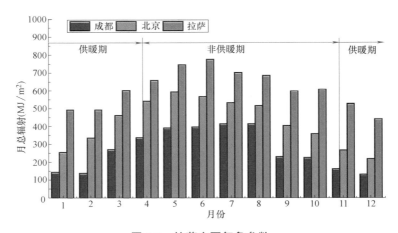

图1-8　拉萨主要气象参数

1.3.2　基于供暖保证率的资源区划方法

对于太阳能供暖工程，另一种资源评价的方法是采用典型建筑模型，变化应用场景，计算出不同地区太阳能全年的贡献率或保证率（太阳能供暖系统中由太阳能供给的热量占太阳能集热系统设计负荷的百分率），通过对贡献率或保证率分级，从而对当地太阳能资源应用于供暖工程的适宜性进行区划，如西安建筑科技大学刘艳峰等学者给出的川西太阳能供暖区划[9]，如表1-9所示。其将太阳能供暖保证率不小于100%划为Ⅰ区，在该区域单独使用太阳能进行供暖；太阳能供暖保证率50%～100%划为Ⅱ区，在该区域使用太阳能供暖为主的技术方案；太阳能供暖保证率20%～50%划为Ⅲ区，在该区域使用太阳能供暖为辅的技术方案；太阳能供暖保证率小于20%划为Ⅳ区，在该区域不建议使用太阳能进行供暖。

基于供暖保证率的太阳能资源区划　　　　　　　　　　　　　　　　表1-9

分区	太阳能保证率（%）	推荐技术
Ⅰ	≥100	单独使用太阳能技术方案
Ⅱ	50～100	太阳能供暖为主的技术方案
Ⅲ	20～50	太阳能供暖为辅的技术方案
Ⅳ	<20	不建议使用太阳能

上述方法利用太阳能集热量与建筑供暖耗热量之间的平衡关系，以太阳能供暖保证率

作为供暖能源划分依据，规避了基于全年利用太阳能资源评价存在的问题。

1.3.3 考虑投资收益的太阳能供暖适宜性评价

1. 评价的基本思路

考虑到对太阳能资源评估的主要目的是分析太阳能资源的丰富程度和可利用潜力，初步分析太阳能供暖技术应用的合理性和经济性。因此，应以当地实际供暖期的总辐照量（对于槽式太阳能系统对应的是供暖期的直射辐照量）为依据进行评价，一方面考虑了太阳能的能量密集程度（强度量），另一方面考虑了太阳能可利用的时间长度（广延量），可较好地反映太阳能设备的实际节能量和投入产出比。

2. 考虑经济性的适宜性评价指标

结合太阳能集热器的平均集热效率，合理的安装方位角与倾角，通过计算全生命周期内单位太阳能集热设备投入与产出，可得到太阳能供暖设备的回收期，以此作为分区依据。

由于太阳能供暖的节能低碳效益，符合国家节能减排政策要求，所以经济评价指标可不考虑资金的时间成本，以静态投资回收期作为区划指标。

考虑到太阳能供暖设备的理论寿命为 20a，利用静态回收期和其对比后，可得太阳能供暖应用的适宜性区划，如表 1-10 所示。

<table>
<tr><td colspan="3">太阳能供暖的适宜性区划</td><td>表 1-10</td></tr>
<tr><td>等级</td><td>资源分区</td><td colspan="2">单位太阳能供暖设备投资静态回收期(a)</td></tr>
<tr><td>资源最丰富</td><td>I</td><td colspan="2">≤10</td></tr>
<tr><td>资源很丰富</td><td>II</td><td colspan="2">10＜投资回收期≤15</td></tr>
<tr><td>资源较丰富</td><td>III</td><td colspan="2">15＜投资回收期≤20</td></tr>
<tr><td>资源一般</td><td>IV</td><td colspan="2">＞20</td></tr>
</table>

静态投资回收期按照式（1-29）进行计算：

$$P = \frac{I}{R} = \frac{(I_A + I_S)}{\eta \cdot I_m \cdot \omega} \tag{1-29}$$

式中　P——静态投资回收期，a；

I——单位太阳能供暖设备（集热与蓄热设备）的增量投资，元；

R——单位太阳能供暖设备供热量产生的年节约能耗费用，元；

I_A——单位太阳能集热设备的增量投资，元；

I_S——单位太阳能供暖蓄热设备的增量投资，元；

η——太阳能集热器的平均集热效率；

I_m——供暖期的水平面累计太阳总辐照量（对于采用聚光型集热器的太阳能供暖项目，应为累计直射辐照量），kWh；

ω——单位太阳能供暖设备供热量的价格，元/kWh。

根据对太阳能供暖设备的产品性能与市场价格调研，确定式（1-29）中各项基本参数，如表 1-11 所示。

回收期计算基本参数设定 表 1-11

类别	单价	备注
太阳能集热器	900.00 元/m²	正南、安装角度为当地纬度,平均集热效率 40.0%
蓄热设备	750.00 元/m³	按照 200L/m² 集热器
热价	0.35 元/kWh	热价以空气源热泵供暖和天然气供暖价格进行测算

注:天然气热值 9.5kWh,天然气价格 3.0 元/Nm³,天然气锅炉效率 90%,热价为 0.35 元/kWh;空气源热泵平均效率为 2.0,电价 0.7 元/kWh,热价为 0.35 元/kWh。

需要说明的是,此处是以现阶段的太阳能设备和能源价格平均参数进行计算的,未来随着太阳供暖技术的持续发展,设备成本与能源价格可能发生变化,太阳能供暖设备的投资回收期与资源区划有可能发生变化。

3. 分区结果统计

(1) 供暖季太阳能资源分布

根据《建筑节能气象参数标准》JGJ/T 346—2014 提供的气象参数,对不同地区供暖期水平面上太阳总辐照量的累计值进行统计,我国主要城市太阳资源分布统计结果分别如附录 1.2 所示。基于供暖应用的太阳能资源分布与基于全年利用太阳能资源评价存在较大差异。

以拉萨与那曲两地为例,按传统评价方法两地均属于阳能资源最丰富地区,拉萨年总辐射量为 7138MJ/m²,太阳能资源较那曲(6837MJ/m²)更丰富,工程界第一印象均会认为拉萨更适合太阳能供暖。但按供暖期统计两地数据,那曲供暖期水平面上太阳总辐照量的累计值为 4157.3MJ/m²,为拉萨的 1.9 倍。因此,在那曲采用太阳能供暖,单位太阳能供暖设备供暖期得到的年节约能耗费用将远超拉萨。究其原因在于,那曲供暖期高达 254d,而拉萨供暖期为 132d,单位太阳能供暖设备在供暖期工作的时间越长,有效利用的太阳能也越多,产生的节约能耗费用也越多。按传统评价方法属于太阳能资源很丰富的昆明,由于≤5℃的天数为 0,≤8℃的天数也仅 27d,设置太阳能供暖,虽然太阳能保证率很容易可达到 100%,但太阳能供暖设备的投资回收期将会很长。

对于主要利用太阳能直射辐射的聚光集热系统,由于其只能利用太阳直射辐射部分,而各地直射和散射比例分布规律存在巨大差异,因此需剔除散射辐射部分,采用供暖期的直射辐照量,作为太阳能资源评估的依据,附录 1.2 给出了我国基于供暖应用的水平面直射太阳辐射分布。

(2) 基于供暖经济性的适宜性区划

对我国主要城市的太阳能供暖设备在全生命周期内节约能耗费用及回收期进行计算,按表 1-11 进行分区,详见附录 1.2。我国基于供暖应用的太阳能资源Ⅰ区主要集在青藏高原,如那曲、定日、帕里、若尔盖等地,该类地区具有供暖期长、太阳辐照强度大的特点,如若尔盖的供暖期为 237d,年节约能耗费用 126.1 元,回收期为 9.3a;定日供暖期为 202d,年节约能耗费用 153.6 元,回收期为 7.7a。部分按传统资源区划为Ⅰ区的地区变成了Ⅱ区,如拉萨,供暖期为 132d,年节约能耗费用 85.2 元,回收期为 13.8a;甘孜,供暖期为 145d,年节约能耗费用 101.9 元,回收期为 11.6a;部分按传统资源区划为Ⅱ区的地区变成了Ⅲ或Ⅳ区,如巴塘,供暖期为 60d,年节约能耗费用 29.2 元,回收期大于 20a。由此也可看出,各城市供暖期与非供暖期太阳能辐照强度的变化较大,冬季太阳辐照强度减弱以及供期短，使得可利用的太阳辐照累计值小，均会造成投入的太阳能供暖设备回收变长而不再适宜利用。

值得注意的是新疆，按传统资源方法区划，新疆多个地区年总辐射量大于5000MJ，属太阳能资源最丰富或很丰富地区。但按基于供暖应用的方法区划后，大部分地区划分到了Ⅲ区或Ⅳ区。以阿勒泰为例，该地区供暖期长达170d，其月太阳辐照量分布如图1-9所示，年水平面太阳辐照累计量为5489MJ/m²，属太阳能资源很丰富地区，按传统方法评估适宜太阳能供暖，但由于冬季每天日照时间短且强度小[9]，如1月水平面太阳辐照累积量仅173 MJ，反而在不需要供暖的夏季，月水平面太阳辐照累积量达到了760MJ。类似的情况在其他高纬度地区也存在。

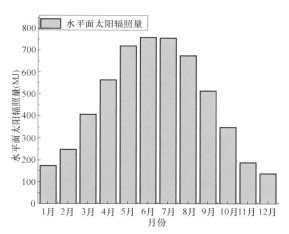

图 1-9　阿勒泰月太阳辐照量分布图

由此也可看出，很多地区供暖期与非供暖期太阳能辐照强度的变化较大，冬季太阳辐照强度减弱，以及供期短均会使得可利用的太阳辐照累计值小，将会造成投入的太阳能供暖设备回收期变长而不再适宜利用。

1.4　太阳能供暖系统分类及设计原则

太阳能供暖的基本原理是将太阳辐射能转换成热能，为建筑提供供暖所需的热量。按太阳辐射能转换成热能以及输送热能的方式或手段差异，通常将太阳能供暖分为主动式太阳能供暖和被动式太阳能供暖。

1.4.1　主动式太阳能供暖系统

主动式太阳能供暖是利用集热器将太阳能的辐射能量转换成热能，通过泵或风机等设备将载有热能的热媒输送至蓄热装置进行储存，并且按需给建筑提供热量，使房屋达到一定的热舒适要求，如图1-10所示。主动式太阳能供暖系统一般由太阳能集热系统、蓄热系统、末端供暖系统、自动控制系统和其他能源辅助加热/换热设备集合组成。

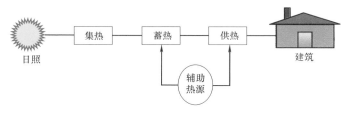

图 1-10　太阳能热水供暖系统

1. 集热系统形式

根据集热系统循环方式的不同，可分为自然循环和强制循环。由于自然循环作用半径小，难以适应中大型工程应用，因此强制循环系统是太阳能集热系统最常用的形式。根据集热系统与供暖系统之间的关系，一般可分为强制循环间接系统、强制循环直接系统两种形式，如表 1-12 所示。

典型太阳能集热系统[3]   表 1-12

序号	系统形式	图号	系统特点	适用范围
1	强制循环间接系统	图 1-11	太阳能集热器加热传热工质,通过热交换器加热供给使用端的系统;利用水泵使传热工质循环加热;易保证系统水质和防冻;管线布置灵活;系统复杂,造价高	适用于规模较大的供暖系统,对水质、防冻要求严格的场合
2	强制循环直接系统	图 1-12	利用水泵使水在太阳能集热器中直接循环加热供给使用端的系统;系统较复杂,减少了换热损失	适用于规模较小、冻结危险性低的供暖系统,初期投资低

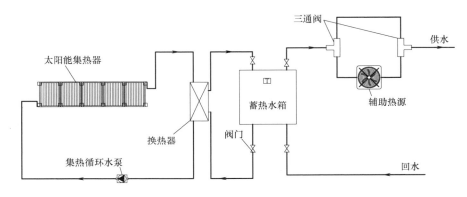

图 1-11 强制循环间接集热系统

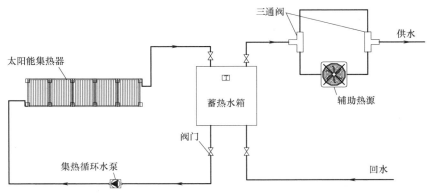

图 1-12 强制循环直接集热系统

2. 集热器的分类与特点

太阳能集热器是主动式太阳能集热系统中吸收太阳辐射，并将所产生的热能传递给集热介质的装置，是太阳能集热系统中的关键部件，其性能直接影响太阳能集热系统的供暖性能与造价。按集热器工质类型，可以分为液体型集热器和空气型集热器两种。液体型集热器常用的工质有水、防冻液（乙二醇、丙二醇等）、导热油。根据集热器的构造形式，常用的类型有平板集热器、真空管集热器和聚光集热器。

（1）平板集热器

对于低温集热供暖系统，平板集热器是最常用的集热器类型（见图 1-13）。平板集热器的优点是结构简单、造价低廉、无运动部件、易于维护、耐久性好、承压能力强，其不仅可以吸收直射，还可以吸收散射太阳能，因此在阴天仍具有一定的集热效果。

（2）真空管集热器

图 1-13　平板集热器

真空管集热器是采用透明管结构，将吸热体与透明盖层之间的空间抽成真空的太阳能集热器，可分为全玻璃真空管集热器和金属吸热体真空管集热器。金属吸热体真空管集热器又分为热管式真空管集热器（见图 1-14）、U 形管式真空管集热器、同心套管式真空管集热器、储热式真空管集热器、直通式真空管集热器及内聚光式真空管集热器。

真空管集热器减少了对流换热损失，因此允许比平板集热器以更高的集热温度运行。和平板集热器类似，真空管集热器既可以吸收直射太阳辐射，也可以吸收散射太阳辐射。

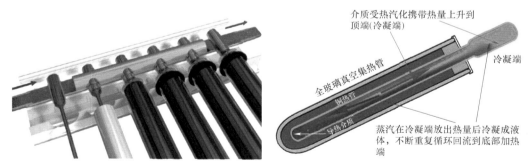

图 1-14　热管式真空管集热器

（3）聚光集热器

聚光集热器属于中高温太阳能集热器。由于投射到平板集热器或真空管集热器上的太阳能流密度较小，因此其所得到的热能品质较低。聚光型太阳能集热器由聚光器以反射或折射的方式将投射到表面上的太阳辐射能聚焦，增大了太阳辐射能流密度，可以得到中高温热能。目前国内用于供暖的聚光集热器类型包括槽式太阳能集热器、蝶式太阳能集热器、塔式太阳能集热器以及菲尼尔式太阳能集热器，使用较多的是槽式太阳能集热器（见图 1-15）。

图 1-15　聚光式集热器
（a）槽式太阳能集热器；（b）蝶式太阳能集热器；（c）塔式太阳能集热器；（d）菲涅尔式太阳能集热器

3. 集热器适用场景分析

（1）液体与空气集热器对比

液体集热系统优点：比热高，系统热媒输送和蓄热所需空间小；与水箱等常用短期蓄热装置的结合较容易，与锅炉等常用辅助热源的配合也较方便，末端形式也可以多样化。缺点：系统控制复杂，管理要求高；如果运行管理不善，可能出现过热、冻结引起的系统漏水及集热器损坏现象，影响系统正常运行，并给用户带来损失；系统在非供暖季易出现过热现象，需要采取措施防止过热的发生。

空气集热系统优点：不会出现漏水、冻结、过热等隐患，太阳得热可直接用于热风供暖，省去了利用水作为热媒所必需的散热装置和换热装置；系统控制使用方便，可与建筑围护结构和被动式太阳能建筑技术很好地结合，系统即使出现故障也不会带来太大的危害。缺点：比热小，热媒输送和热量储存都需要很大的空间。空气在传输过程中热损较大，空气集热器离送热风点的距离不能太远。因此，空气工质集热系统适用于平面较为简单的多层建筑供暖，层数一般不宜超过 3 层。

（2）真空管、平板与聚光集热器对比

由于空气集热器使用场合受限，液体集热器在工程中的应用更为广泛。表 1-13 综合了真空管集热器、平板集热器、聚光集热器三种常用液体型太阳能集热器的基本性能比较。

各种太阳能集热技术的对比 表 1-13

集热器类型	集热温度	投资成本	建筑一体化应用	夏季过热、防冻问题	承压能力	集热效率
真空管集热器	低温集热(低于 70℃)	结构简单,造价低	困难	存在过热、防冻问题	低	45%
平板集热器	低温集热(低于 70℃)	工艺简单,造价低	容易	存在过热、防冻问题	高	35%
聚光集热器	高温集热(约 200℃)	技术要求高,造价高	不能	不存在过热、防冻问题	高	60%

真空管集热器集热效率较高,承压低,适用于较高工作温度和冬季低日照的天气多变地区。但受风沙影响、冷热冲击及空晒等因素的影响容易出现爆管现象。

平板集热器的集热效率一般低于真空管集热器和聚光集热器,在采用了防冻液的情况下,可在寒冷地区使用。其整体外形、结构强度以及规格尺寸易于按需制作,故适宜建筑一体化应用。安装后维修工作量相对较少,耐候性好,适宜在太阳能资源丰富的高原地区使用。

聚光集热器具有全时跟踪太阳辐射的功能,集热效率高,且具有温度过高时可自动偏转防止过热的功能。但是聚光集热器造价高,且活动部件易损坏,低温启动时存在导热油黏度大造成的水泵功耗高等特点。由于聚光式集热器可获得品位较高的热媒,因此可进行大温差蓄热,减少蓄热容积。

采用非聚光太阳能集热器作为供暖热源时,集热系统的集热温度不宜超过 60℃,不应超过 70℃。因为随着集热温度的升高,集热器的集热效率下降明显,尤其对于总热损系数较大的平板集热器更是如此。对于传统平板集热器,当集热温度高于 70℃时,集热器全天平均集热效率约为 20%,严重影响太阳能系统的节能性与经济性。

1.4.2 被动式太阳能供暖技术

被动式太阳能供暖技术因其免维护、运行便捷、经济节能等特点,被认为是建筑最适宜的太阳能利用方式。被动式太阳能供暖按照南向集热方式分为直接受益式、集热蓄热墙式、附加阳光间式三种基本集热方式。被动式太阳能供暖三种基本集热方式具有各自的特点和适用性(见表 1-14)[11]。直接受益式或附加阳光间式白天升温快,昼夜温差大,因而适用于在白天使用的房间,如办公室。集热蓄热墙白天升温慢,夜间降温也慢,日夜温差小,因而较适用于全天使用的房间。

但由于每种基本形式各有其不足之处,如直接受益式会产生房间过热现象,集热蓄热墙式构造复杂、操作繁琐,且与建筑立面设计难以协调。因此在设计中可以采用多种方式组合。

大量的工程实践表明,在太阳能资源丰富地区利用太阳能被动式供暖,能使室内热环境达到基本舒适要求。位于拉萨的两栋办公建筑采用了被动式太阳能供暖技术,其室内温度实测结果如图 1-16 和图 1-17 所示[12]。从图中可看出,两栋建筑室内温度曲线的变化趋势接近,室内全天平均温度为 13.8℃以上,白天平均温度约 15℃,室内最低温度也约 10℃。由于办公建筑主要是在白天使用,正是太阳辐射好、室温较高的时段,白天室内温度基本能够满足办公建筑需求。

被动式太阳能建筑基本集热方式及特点　　　　　　　　　表 1-14

基本集热方式	集热及热利用过程	特点及适应范围
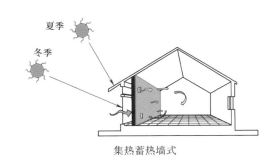 直接受益式	供暖房间开设大面积南向玻璃窗,白天阳光直接射入室内,使室温上升; 射入室内的阳光照到地面、墙面上,使其吸收并蓄存一部分热量; 夜晚蓄存在地板和墙内的热量开始向外释放,使室温维持在一定水平	构造简单,施工、管理及维修方便; 室内光照好,也便于与建筑立面结合; 白天升温快,室温高,但昼夜温差大; 较适用于主要为白天使用的房间
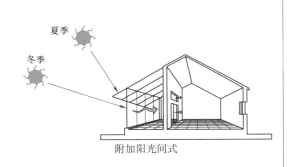 集热蓄热墙式	在供暖房间南墙上设置带玻璃外罩的吸热墙体,白天时接受阳光照射; 阳光透过玻璃外罩照到墙体表面使其升温,并将间层内的空气加热; 供热方式:被加热的空气靠热压经风口与室内空气对流,使室温上升;同时受热的墙体传热至内墙面,以辐射和对流方式向室内供热	构造较直接受益式复杂,清理及维修稍困难; 白天室内升温较直接受益式慢,但由于蓄热墙体可在夜晚向室内供热,使日夜波幅小,室温较均匀; 适用于全天使用的房间
 附加阳光间式	在带南窗的供暖房间外用玻璃等透过材料围合成一定的空间; 阳光透过大面积透光外罩,加热阳光间空气;并射到地面、墙面上使其吸收和蓄存一部分热能;一部分阳光可直接射入供暖房间; 供热方式:靠热压经风口或门窗与室内空气对流,使室温上升;同时受热墙体传热至内墙面,以辐射和对流方式向室内供热	材料用量大,造价较高,但清理、维修较方便; 阳光间内白天升温快、温度高,但昼夜温差大;应组织好气流循环,向室内供热,否则易产生阳光间温度过高而房间温度偏低的现象 阳光间可作为入口兼起到室内外空间的缓冲区作用

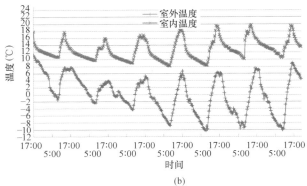

(a)　　　　　　　　　　　　　　　　　　(b)

图 1-16　A 办公楼室内温度测试结果

(a) 测试房间; (b) 室内外温度分布

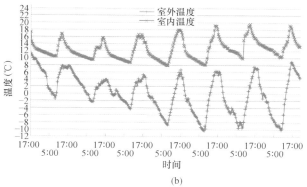

(a)　　　　　　　　　　　　　　　　　　　(b)

图 1-17　B 办公楼室内温度测试结果

（a）测试房间；（b）室内外温度分布

1.4.3　太阳能供暖系统设计原则

太阳能资源丰富地区和较丰富地区的建筑利用太阳能进行供暖是最绿色低碳的供暖方式。为实现太阳能利用的最大化，工程设计时需要建筑、建筑热工和暖通等多专业协同优化，并遵循"被动优先、主动优化"的设计原则。图 1-18 给出了太阳能供暖建筑设计的各关键环节，设计优化的总体思路为：首先，通过总图、体形、立面、平面等建筑设计优化，使建筑的主要功能房间可以充分获得太阳能；其次，通过气密性、墙体保温、屋面保温、外窗节能等围护结构热工设计措施，降低建筑的热负荷；最后，通过太阳能集热、蓄热、辅助热源、换热系统等主动式供暖系统的优化设计，选择最佳供暖匹配方案，以能源消耗低、经济合理的技术方案来保障建筑的供暖需求。

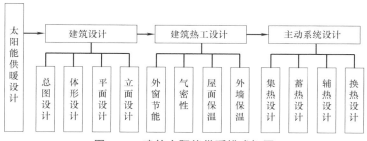

图 1-18　建筑太阳能供暖模式框图

南向透明围护结构的热工设计是太阳能供暖设计的重要环节，协调好南向透明围护结构得热与失热的矛盾，对提高太阳能的利用率、降低运行能耗和初投资具有较大的影响。冬季太阳能资源丰富地区和较丰富地区南向透明围护结构宜采用热工性能可变的阶段传热设计思路（详见本书第 2 章），并制定与当地气象条件相适应的运行控制策略。

冬季太阳能资源丰富地区和较丰富地区的建筑，宜优先选择太阳能供暖系统作为主动供暖的主要热源。太阳能资源一般地区，宜经过经济技术比较，选择适宜的太阳能供暖系统，同时考虑多种能源互补，合理配置辅助热源系统，以有效满足用户的需求。

由于太阳能的不稳定性和非连续性，导致建筑热负荷需求和太阳能热量供给存在巨大的时序差且波动剧烈。因此，为实现优化设计就必须在设计手段上作出改变。采用传统的稳态负荷计算和以此为依据的设备容量选择方法难以实现系统的优化配置，只有通过全年动态模拟计算，掌握建筑热负荷和太阳能供热量的逐时变化规律，才能合理确定系统的优化配置方案和相应的设计参数，实现设计方案技术经济合理的目标。

本章参考文献

[1] Werner Weiss. Solar Heat Worldwide Global Market Development and Trends in 2019. [M]. Edition 2020. Supported by Supported by the Austrian Ministry for Transport，Innovation and Technology.

[2] John A. Duffie. Solar Engineering of Thermal Processes [M]. Fourth Edition. Solar Energy Laboratory University of Wisconsin-Madison.

[3] 郑瑞澄，路宾 等. 太阳能供热采暖工程应用技术手册 [M]. 北京：中国建筑工业出版社，2012.

[4] S. A. Kalogirou. Solar thermal systems：Components and applications [M]. Cyprus University of Technology，Limassol，Cyprus.

[5] U. S. Department of Energy：EnergyPlus^{TM} Version 8.9.0 Documentation Engineering Reference.

[6] 王炳忠，张富国，李立贤. 我国的太阳能资源及其计算 [J]. 太阳能学报：1 (1)，1980，1-9.

[7] 王炳忠. 中国太阳能资源利用区划 [J]. 太阳能学报：4 (3)，1983，221-228.

[8] 中国气象局公共气象服务中心等. 太阳能资源评估方法. QX/T89—2018 [S]. 北京：中国气象出版社，2018.

[9] 刘艳峰，周位华，王登甲. 川西藏区居住建筑可再生能源供暖热源适宜性研究 [J]. 暖通空调，50 (9)：2020，116-121.

[10] 郑瑞澄 等. 民用建筑太阳能热水系统工程技术手册 [M]. 北京：化学工业出版社，2011.

[11] 中国建筑西南设计研究院有限公司. 四川省被动式太阳能建筑设计规范. DBJ51/T 019—2013 [S]. 成都：西南交通大学出版社，2014.

[12] 中国建筑设计研究院. 被动式太阳能建筑设计规范. JGJ/T 267—2012. [S]. 北京：中国建筑工业出版社，2012.

第2章 太阳能富集的高寒地区建筑体形设计

太阳能富集的高寒地区指的是太阳能资源很丰富的Ⅰ区和Ⅱ区的高海拔寒冷地区，该类地区太阳能资源极其丰富，气温特征主要包括两方面：一是冬季室外气温低，供暖周期长，供暖需求强烈；二是夏季室外气温凉爽，基本无供冷需求。比如拉萨，如图 2-1 所示，从 11 月中旬到次年的 3 月下旬，大多数情况日平均气温低于 5℃，具有较长的供暖周期；从 5 月上旬到 8 月下旬的整个夏季，日平均气温均低于 20℃，基本不需要进行空调供冷。因此，从节能角度考虑，该类地区建筑的体形设计应有利于冬季充分提高太阳能得热。

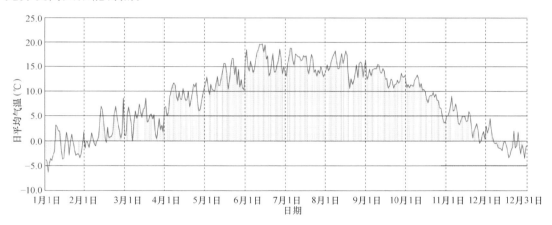

图 2-1　拉萨日平均气温分布

现有建筑节能设计规范[1-6]　分别通过约束建筑朝向、窗墙比、体形系数 3 个参数，为建筑的体形设计指明了优化方向。但是，一方面上述个别参数存在气候不适应问题，比如体形系数未考虑透明围护结构太阳能得热，使得建筑设计因一味追求小体形系数而导致建筑体形趋近于点式建筑，不利于太阳能利用；另一方面上述 3 个参数分别对建筑体形进行约束，难以实现建筑体形设计的协同优化，使得建筑太阳能利用不能达到最佳。如图 2-2 所示，若单独追求较小的体形系数，将会引导建筑设计采用不利于太阳能利用的点式建筑；若建筑未采用大的窗墙面积比，仅追求建筑朝南，冬季将仍然无法实现多的太阳得热；若建筑朝向合理，依然去限制窗墙面积比上限，同样也不利于建筑太阳能利用，反而增加了建筑能耗。

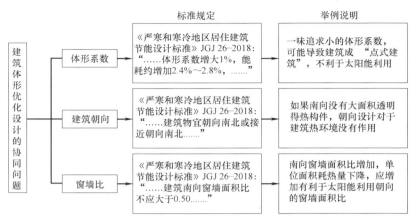

图 2-2　建筑形体参数独立应用易出现的设计问题

2.1　体形设计存在问题的实证分析

　　为了直观反映现有建筑体形设计指标体系存在的缺陷，本节通过分析典型案例的耗热量与体形设计指标的关系，对现有设计指标体系的不适应性进行了论述。

2.1.1　条形建筑与点式建筑的耗热量对比

　　以理塘县为例，分别建立了朝南的条形建筑与点式建筑模型（建筑特征概况如表 2-1 所示），采用建筑能耗计算软件 DesignBuilder 对建筑进行全年逐时负荷模拟，单位面积累计耗热量计算结果如图 2-3 所示。从图中可以看出，体形系数为 0.31 的条形建筑单位面积耗热量为 35.4kWh/（m^2·a），体形系数为 0.20 的点式建筑的单位面积耗热量为 41.6kWh/（m^2·a），体形系数大的条形建筑全年耗热量明显小于点形建筑。

　　出现上述现象的主要原因是，虽然体形系数越大，建筑外围护结构的散热面越大，建筑的传热量也越大，但是对于太阳能富集地区，透明围护结构白天可以获得大量的太阳辐射得热，补偿建筑的热损失，有利于降低建筑耗热量，由此造成体形系数较大的条形建筑反而更节能。因此，按现行节能设计标准来控制体形系数，不一定是正确的建筑体形设计优化方向。

建筑特征概况表　　　　　　　　　　　　　　　　　　表 2-1

建筑类型	长×宽×高	窗墙比（南向/其他）	体形系数 S	围护结构热工参数	建筑能耗模型
条形建筑	160m×10m×10m	0.45/0.10	0.31	外墙：0.35W/（m^2·K） 屋顶：0.30W/（m^2·K） 外窗：2.0W/（m^2·K）	
点式建筑	40m×40m×10m	0.45/0.10	0.20	外墙 0.35W/（m^2·K） 屋顶：0.30W/（m^2·K） 外窗：2.0W/（m^2·K）	

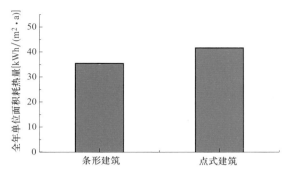

图 2-3　典型建筑单位面积累计耗热量

2.1.2　同一建筑不同朝向的耗热量对比

仍然以上述案例中的点式建筑（体形系数为 0.20）和条形建筑（体形系数为 0.31）为例进行分析，分别计算两类建筑朝向变化对建筑耗热量的影响，计算结果如图 2-4 所示。随着建筑朝向变化，条形建筑单位面积耗热量在 35.5～56.4kWh/（m² · a）之间变化，不同朝向波动幅度高达 37%；点式建筑单位面积耗热量在 41.6～47.3kWh/（m² · a）之间变化，不同朝向波动幅度为 11.9%。可见，建筑朝向和建筑体形系数共同对建筑耗热量产生重大影响，但是传统建筑体形设计中并未将体形系数和建筑朝向进行关联，难以达到建筑体形优化设计的目标。

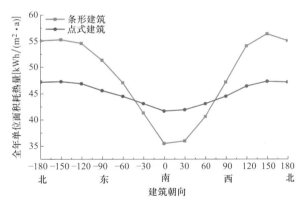

图 2-4　典型建筑不同朝向单位面积耗热量

2.1.3　同一建筑不同窗墙比的耗热量对比

仍然以上述案例中的点式建筑（体形系数为 0.20）和条形建筑（体形系数为 0.31）为例，分别计算建筑南向窗墙面积比变化对建筑耗热量的影响，计算结果如图 2-5 所示。随着建筑窗墙面积比的增加，条形建筑与点式建筑的单位面积耗热量均呈下降趋势。当南向窗墙面积比由 0.3 增加到 0.8 时，条形建筑单位面积耗热量下降了 68.3%，点式建筑下降了 21.7%。可见，建筑体形系数和窗墙面积比共同对建筑耗热量产生重大影响，但是，传统设计标准中未将体形系数和窗墙面积比进行关联，同样难以实现建筑优化设计的目标。

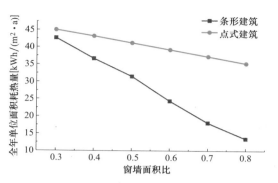

图 2-5 典型建筑南向不同窗墙面积比单位面积耗热量

2.2 太阳能富集的高寒地区围护结构传热特性

为了进一步了解造成传统体形设计参数在太阳能富集的高寒地区存在问题的原因,需分析太阳能富集的高寒地区围护结构传热特性。

2.2.1 非透明围护结构传热特性

以拉萨为例,选取前述条形建筑分析模型,室内供暖计算温度设定为 18℃,对建筑的墙体热流量进行分析,图 2-6 给出了其中一周的热流计算结果。从计算结果可知,不同朝向墙体的蓄放热特性较为一致,白天太阳得热进入室内,墙体处于蓄热状态,夜间室内温度降低,墙体向室内放热。全天热平衡分析结果表明,各朝向墙体均为失热围护结构,故从全天热平衡分析可知,外墙体是失热构件,体形设计中应尽量减少外墙的表面积,从而降低建筑耗热量。

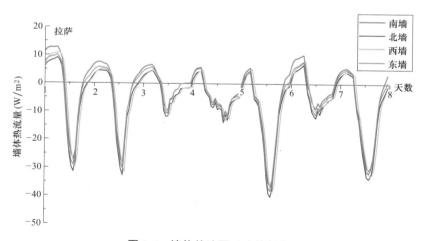

图 2-6 墙体热流图(建筑朝南)

2.2.2 透明围护结构传热特性

对上述案例建筑的外窗进行热流分析,图 2-7 给出了其中一周的计算结果。从图中可以看出，由于室外温度较低，外窗对流换热大多处于向室外散热状态。但在部分太阳辐射较强时刻，出现了向室内对流传热的现象，这是由于玻璃本身吸热导致其自身温度高于室内温度造成的。从对流换热与太阳辐射得热总体来看，全天南向窗太阳得热均远大于失热。可见，从全天热平衡角度考虑，南向外窗是得热构件。

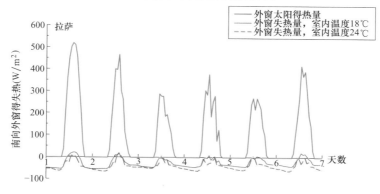

图 2-7　南向外窗得失热图（建筑朝南）

为了确定哪个朝向范围的外窗是得热构件，通过改变建筑朝向，对外窗供暖季的热流进行了统计分析，结果如图 2-8 所示。从图 2-8 中可以看出，外窗在南偏东 90°至南偏西 90°的范围内时，整个供暖季的太阳得热大于对流换热失热，即该朝向范围内的外窗均是得热构件。因此，体形设计时应增大该朝向范围内外窗的面积，减小其他朝向范围内外窗的面积，从而减小建筑的耗热量。

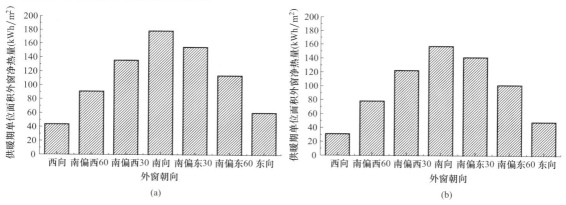

图 2-8　供暖期不同朝向外窗净得热量
(a) 室内温度 18℃；(b) 室内温度 24℃

通过上述分析可知，太阳能富集的高寒地区，供暖期的非透明围护结构为失热构件，而透明围护结构在太阳辐射作用下，未必是失热构件。其与室外温度、辐照强度透明围护结构的朝向等有关。

2.3　建筑体形设计新指标：等效体形系数

由上述分析可知，现有建筑体形设计参数中的体形系数存在气候不适应问题。事实上，太阳能富集的高寒地区建筑体形设计基本原则应遵循：建筑朝向设计应能尽量朝向全年得热方向；增大有利朝向范围内的透明围护结构占比（窗墙比），减少不利朝向范围内的透明围护结构占比（窗墙比）；减少非透明外围护结构的总表面积。

由于现有设计方法对体形系数、建筑朝向和窗墙面积比3个参数分别进行约束，难以实现建筑设计的协同优化，三个参数满足要求的建筑未必就是节能建筑。因此有必要建立一个兼顾体形系数、窗墙面积比和建筑朝向的新设计指标来指导工程设计，称之为"等效体形系数"。

2.3.1 等效体形系数的定义与物理意义

等效体形系数 S_{eq} 的定义为[8]：建筑物与室外空气直接接触的外表面积扣除有效得热面对应的等效面积后与其所包围的体积的比值，不包括地面和不供暖楼梯间内墙的面积。其中，有效得热面指的是供暖期某建筑朝向的透明围护结构总得热量大于该朝向的围护结构总失热量，则该朝向为建筑的有效得热面。建筑立面是否为有效得热面主要与气候特征、朝向和围护结构热工性能相关。

S_{eq} 可表达为式（2-1）：

$$S_{eq} = \frac{(F - F_y)}{V} \tag{2-1}$$

式中　F——建筑外围护结构面积，m^2；

　　　V——建筑外围护结构所包围的体积，m^3；

　　　F_y——有效得热面对应的等效面积，m^2。

为方便应用，对式（2-1）进一步推导可得：

$$F_y = F_{cy} + K_y \cdot F_{cy} = (1 + K_y)F_{cy} \tag{2-2}$$

式中　F_{cy}——建筑的有效得热面外窗自身的面积，m^2；

　　　K_y——等效面积折合系数，其值为整个供暖期内单位面积外窗累计净得热量

$\sum\limits_{i=1}^{n} Q_{cy}$ 除以房间单位面积墙体的累计失热量 $\sum\limits_{i=1}^{n} Q_{qy}$，采用式（2-3）表示：

$$K_y(i) = \frac{\sum\limits_{i=1}^{n} Q_{cy}}{\sum\limits_{i=1}^{n} Q_{qy}} \tag{2-3}$$

式中　n——整个供暖期的总小时数。

将式（2-2）及式（2-3）代入（2-1）进一步推导得出等效体形系数 S_{eq} 的定义式：

$$S_{eq} = \frac{\left[F - \sum\limits_{j=1}^{m}(1 + K_{y,j})F_{cy,j}\right]}{V} \tag{2-4}$$

式中　j——第 j 个净得热朝向立面；

　　　m——净得热朝向立面的总数；

　　　$K_{y,j}$——第 j 个净得热朝向的等效面积折合系数；

　　　$F_{cy,j}$——第 j 个净得热朝向立面的外窗的面积，m^2。

表 2-2 给出了等效体形系数的物理意义，从表中可以看出，$S_{eq}>0$ 时，净得热量可抵消掉部分非透明外围护结构热损失；$S_{eq}=0$ 时，净得热量可抵消掉全部非透明外围护结构热损失；$S_{eq}<0$ 时，净得热量可抵消全部非透明外围护结构热损失及部分冷风渗透负荷。

等效体形系数相关参数的物理意义   表 2-2

参数	物理意义
$S_{eq}>0$	净得热量可抵消部分非透明外围护结构热损失
$S_{eq}=0$	净得热量可抵消全部非透明外围护结构热损失
$S_{eq}<0$	净得热量可抵消全部非透明外围护结构热损失及部分冷风渗透负荷
$K_y>0$	集热窗存在净得热量，建议集热面采用大窗墙比设计
$K_y\leqslant0$	建筑朝向不利于被动太阳能利用，建议根据采光等需要设置窗户，尽量采用小的窗墙比设计

注：等效体形系数是针对整个建筑而非单个房间的热性能评价。

2.3.2　等效面积折合系数计算示例

以拉萨的前述建筑为例，给出了等效面积折合系数的计算方法，为其他地区等效面积折合系数的计算提供参考。

利用本案例计算的供暖期透明围护结构累计净得热量和房间单位面积墙体的累计失热量，代入式（2-3），即可得到拉萨不同朝向的等效面积折合系数，如表 2-3 所示。室内温度在 18℃ 和 24℃ 时，可通过查表获得等效面积折合系数。为了方便工程应用，采用线性内差法获得了室内温度在 18～24℃ 范围内的等效面积折合系数，结果如图 2-9 所示。

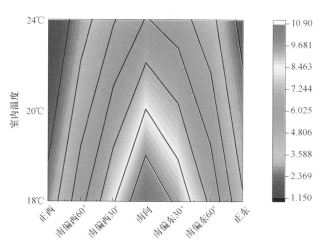

图 2-9　拉萨室内温度在 18～24℃ 范围内的等效面积折合系数

拉萨典型建筑供暖期等效面积折合系数   表 2-3

立面朝向	室内温度 18℃	室内温度 24℃
正西	2.7	1.2
南偏西 60°	5.6	3.0

续表

立面朝向	室内温度18℃	室内温度24℃
南偏西30°	8.3	4.7
南向	10.9	6.1
南偏东30°	9.4	5.4
南偏东60°	7.0	3.9
正东	3.7	1.9

利用上述等效面积折合系数，代入式（2-4），即可计算得到建筑的体形系数。例如，对前述条形建筑和点式建筑的等效系数进行了计算，结果如表2-4所示。

拉萨典型建筑不同朝向等效体形系数计算　　　　　　表2-4

建筑形式	等效体形系数						
	正西	南偏西60°	南偏西30°	南向	南偏东30°	南偏东60°	正东
条形建筑	0.14	0.01	−0.11	−0.23	−0.16	−0.05	0.09
点式建筑	0.13	0.10	0.08	0.05	0.07	0.09	0.12

2.3.3　等效体形系数有效性分析

通过对位于理塘的不同典型建筑的60个工况进行了动态负荷模拟及统计分析，计算结果如图2-10所示。从图中可以看出，等效体形系数 S_{eq} 与外围护结构单位体积耗热量的相关性较高，相关系数可达到0.90以上。由此表明，等效体形系数上统一考虑了建筑朝向、窗墙面积比、室内设计温度等因素对被动太阳能利用的影响，以此作为建筑形体设计依据更为合理。

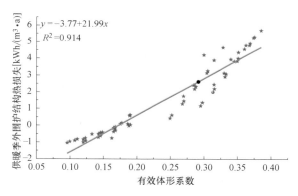

图2-10　等效体形系数与围护结构热损失的相关性

可见，等效体形系数的计算兼顾了体形系数、朝向及窗墙比等多种因素的影响，在太阳能富集地区，采用等效体形系数进行建筑体形设计，可引导建筑师提高有利朝向范围建筑立面的窗墙比（见图2-11），优化建筑外形，增加有效得热面积，有利于建筑节能。建议同类气候区，采用等效体形系数代替传统体形设计指标（体形系数、朝向、窗墙比），重新制定围护结构热工设计节能标准。但是，等效体形系数的应用具有一定的局限性，由于上述方法是针对整个建筑的耗热量提出的，认为建筑内部房间热分配是均匀一致的，因此不能用其去优化建筑内部结构，比如房间平面布局等。

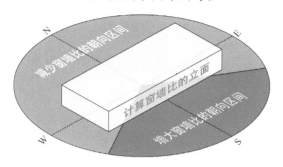

图 2-11　建筑不同朝向窗墙面积比设计的引导

后续研究工作中，建议进一步优化建筑体形设计指标。通过考虑建筑内部平面布局和空间划分，引导建筑设计将有限的热量分配到主要功能房间，减少无谓的能源浪费，可考虑对影响建筑体积耗热量的建筑外围护结构所包围的体积 V 进行分析，引入建筑热量空间分配比（其物理意义是使得进入室内的热量高效分配到所需要的空间区域），将建筑外形设计和室内空间设计进行统一优化，如式（2-5）所示：

$$S'_{eq} = S_{eq} \cdot \frac{V_s}{V} \tag{2-5}$$

式中　S'_{eq}——进一步修正的等效体形系数；

　　　V_s——实际需要供暖空间体积，m^3。

本章参考文献

［1］　中国建筑科学研究院. 民用建筑节能设计标准（供暖居住建筑部分）. JGJ 26—86［S］. 北京：中国建筑工业出版社，1986.

［2］　中国建筑科学研究院. 严寒和寒冷地区居住建筑节能设计标准. JGJ 26—2018［S］. 北京：中国建筑工业出版社，2016.

［3］　西藏自治区建筑勘察设计院，中国建筑西南设计研究院. 西藏自治区民用建筑节能设计标准. DBJ 540001—2016［S］. 拉萨：西藏自治区住房和城乡建设厅，2016.

［4］　中国建筑科学研究院. 公共建筑节能设计标准. GB 50189—2015［S］. 北京：中国建筑工业出版社，2015.

［5］　中国建筑科学研究院. 夏热冬冷地区居住建筑节能设计标准. JGJ 134—2010［S］. 北京：中国建筑工业出版社，2010.

［6］　中国建筑西南设计研究院有限公司. 四川省居住建筑节能设计标准. DB51/5027—2012［S］. 成都：西南交通大学出版社，2012.

［7］　［英］T. A马克斯. 建筑物·气候·能量［M］. 陈士骥 译. 北京：中国建筑工业出版社，1990.

［8］　石利军，司鹏飞，戎向阳 等. 太阳能富集地区建筑的等效体形系数［J］. 暖通空调，2019，49（7）：62-68.

第3章 被动太阳能建筑集热与蓄热设计

被动太阳能建筑以空气和建筑构件作为传热和蓄热介质，克服了以水作为传热工质的主动式太阳能系统的冻结问题，具有免维护管理、运行便捷、经济节能等特点，且利用建筑构件进行集热与蓄热，实现了太阳能建筑一体化，被认为是太阳能建筑最适宜的供暖方式[1]。但是，传统被动太阳能技术存在两方面的技术瓶颈，影响了被动太阳能供暖效果。

3.1 被动太阳能技术的瓶颈问题

3.1.1 透明围护结构集热与保温的矛盾

太阳能资源丰富地区通过设置南向大窗可以在白天很好地获得太阳能热量，但是传统被动太阳能利用方式（直接受益、特朗伯墙、附加阳光间），透明围护结构热工参数固定不变，很难解决被动太阳能利用要求的小热阻（大透射比）与房间保温要求的围护结构大热阻（小传热系数）之间的矛盾。表3-1给出了典型透明围护结构热工参数，为了提高被动太阳能利用效率，需要同时满足高太阳透过性与低传热系数的要求，如果选用太阳光总透射比大的6mm透明玻璃，则传热系数过大，难以实现夜间保温的目标；如果选用传热系数小的中空Low-E玻璃，则太阳光总透射比过小，不能很好地达到冬季白天太阳能利用的目的。

典型透明围护结构热工参数[2] 表3-1

玻璃类型(mm)	太阳光总透射比 g	中部传热系数 K[W/(m² · K)]
6mm 透明玻璃	0.87	5.8
6＋12A＋6 透明	0.71	2.80
6 Low－E＋12A＋6 透明	0.39	1.81
6 Low－E＋12 氩气＋6 透明	0.38	1.56

3.1.2 建筑构件得热快与蓄热慢的矛盾

由于太阳能供给侧具有不稳定、非连续等特点，建筑用热需求侧也具有不稳定、随时间波动等特点，因此需要通过蓄热调节措施，解决供需之间的不匹配问题，如图3-1所示。相关研究表明，我国被动太阳能建筑由于蓄热性能差，导致夜间室内空气温度低至8~10℃[3,4]，严重偏离了夜间睡眠热舒适要求（睡眠状态热舒适温度为23℃）。因此，解决建筑围护结构得热快和蓄热慢之间的矛盾，实现热量的"移峰填谷"，降低室内昼夜温

图 3-1 太阳能供给与需求的不匹配

差，成为被动太阳能建筑技术的瓶颈问题。

3.2 透明围护结构的集热设计

对于传统透明围护结构存在的问题，笔者研究团队提出了具有阶跃传热的透明围护结构系统，有效克服了透明围护结构集热与保温的矛盾，经工程实践应用表明效果良好。

3.2.1 透明围护结构阶跃传热特性

图 3-2 给出了具有阶跃传热特性的透明围护结构形式[5,6]，该结构由内外两层透明围护结构构成，其特征是外层透明围护结构具有太阳透射比大的特点，内层透明围护结构具有传热系数小的特点。该技术的阶跃传热特性主要体现在两方面（见图 3-3）：一是白天随着太阳辐射的增强，打开房间内侧中空玻璃窗，透明围护结构的太阳能得热系数 $SHGC$ 阶跃升高，提高透明围护结构的集热能力，使室内温度升高；二是下午随着太阳辐射的减弱和室外气温的降低，关闭传热系数小的内侧中空玻璃窗，直接受益窗的综合换热热阻 R 阶跃上升，从集热状态转为保温状态，有效减少了房间内热量散失，使得室内白天获得的太阳能可以得到有效保存。该技术有效克服了传统被动太阳能技术白天得热不足、夜间散热量大的缺点。

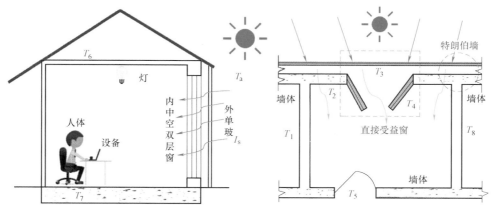

图 3-2 透明围护结构阶跃传热原理

透光可调围护结构的阶跃传热模型如式（3-1）所示：

$$q = \begin{cases} U_1 \cdot A_{pf}(t_{out} - t_{in}) + (SHGC_1 \cdot A_{pf} \cdot E_t) & （白天工况） \\ U_1 \cdot A_{pf}(t_{out} - t_{in}) & （夜晚工况） \end{cases} \quad (3\text{-}1)$$

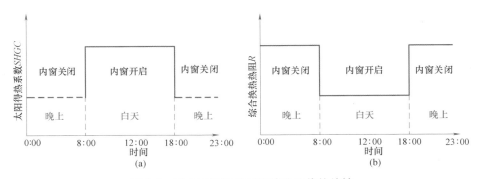

图 3-3 透光可调围护结构的阶跃传热特性

（a）太阳得热系数 $SHGC$ 的阶跃特性；（b）综合换热热阻 R 的阶跃特性

3.2.2 太阳能集热保温一体窗开发

采用上述技术思路，笔者研究团队通过型材与构造形式创新，发明了"集热保温隔声一体化窗及其控制方法""动态可调高性能窗户及其运行控制方法"等新型窗户系统[5-8]。

1. 太阳能集热保温一体窗的结构设计

该窗户主要由内层保温隔热窗、3～5cm 厚的中间空气层、外层得热窗及新型型材构成，如图 3-4 所示，研究中对型材的热工特性进行了详细优化。冬季工况，白天打开内层窗，充分提高南向围护结构得热量；夜晚关闭内层窗，充分维持室内温度；过渡季节，通过开启内外窗，降低热阻，并实现自然通风，充分对建筑降温。在夏季可实现中间层遮阳，遮挡太阳得热。类似人在不同季节穿衣服一样，该产品可灵活实现对建筑的"加、减衣服"，有效调节进出室内的热量；并且，在窗户关闭的情况下，可有效隔绝外界噪声，隔声性能相当于 100mm 厚的混凝土。

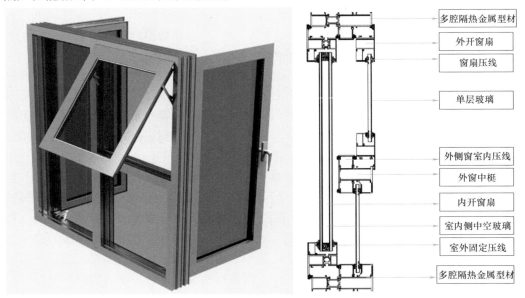

图 3-4 太阳能集热保温一体窗型材结构设计

2. 太阳能集热保温一体窗的热性能模拟

为了研究该窗户系统的热工性能，采用美国劳伦兹伯克利国家实验室开发的 Thermal 和 Window 软件，对该窗户系统的热工性能进行了计算分析，如图 3-5 所示。计算结果表明，和市场高性能的 3 银 Low-E 充氩气窗相比，性能明显提升，具有良好的市场应用前景。

3. 太阳能集热保温一体窗的性能检测

为了验证该窗户的技术性能指标，委托具有检测资质的第三方机构对其传热系数进行了检测，结果表明，窗框面积占比为 38% 时，其传热系数达到 1.6W/(m² · K)，具有良好的热工性能（见表 3-2）。

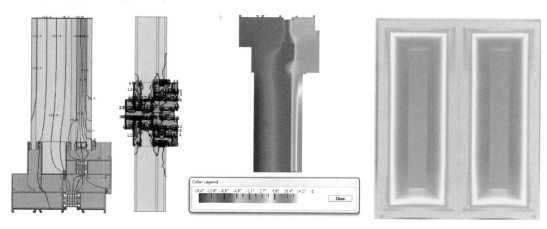

图 3-5 Thermal 和 Window 软件模拟结果

太阳能集热保温一体窗的热性能 表 3-2

窗户种类	传热系数[W/(m² · K)]	太阳光总透射比	气密性
太阳能集热保温一体窗	1.0~1.6	0/0.82	8 级
断桥铝合金 （6 三银 Low-E＋12Ar＋6＋12A＋6）	1.8	0.26	8 级

3.3 建筑蓄放热速率强化方法

3.3.1 建筑构件蓄热速率不足的原因

为了深入了解建筑构件蓄热速率不足的原因，采用 Energyplus 软件对实际被动太阳能建筑——"暖巢一号"项目进行热性能分析[9]，结果如图 3-6 所示。一方面，通过直接受益窗照射到地板的太阳辐射一部分被地板吸收，另一部分通过反射、对流和长波辐射方式传向室内，其中地板平均蓄热量占地板表面接受太阳辐射量的 53%，传向室内的热量占 47%；另一方面，不受太阳直射的壁面，包括内区地板和其他墙面，主要依靠升温后的室内空气对其加热，由于自然对流换热系数［8.7W/(m² · K)］以及地板表面与室内空气间的动态换热温差（2~3℃）较小，导致该部分蓄热速率缓慢。

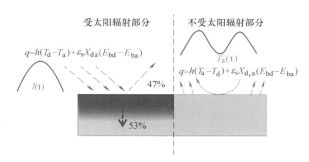

图 3-6　传统被动太阳能建筑围护结构蓄热机理

注：q 为地板产生的室内得热（W/m^2）；h 为地板与空气间的对流换热系数（W/m^2·K）；T_d 为地板表面温度（℃）；T_a 为室内空气温度（℃）；ε_s 为系统发射率；X_{da} 为地板对室内其他表面的角系数；E_{bd} 为地板黑体辐射力（W/m^2）；E_{ba} 为其他表面黑体辐射力（W/m^2）；I（t）为逐时太阳辐照度（W/m^2）。

3.3.2　建筑构件蓄热速率强化方法

增强地板蓄热性能的思路主要有以下两种：第一种是基于传热第三类边界条件（已知任何时刻物体边界与周围流体间的表面传热系数 k 及周围流体温度 t_f），可通过加大传热系数 k 和提高地板表面温度 t_s 与室内空气温度 t_f 之差，强化蓄热性能。第二种方案是由传热第二类边界条件出发，提出另一种强化蓄热思路，采用光伏特朗勃墙（Trombe Walls）直驱电热膜地板供暖方式，利用光伏板发电直接通入预埋在地板中的电热膜定热流加热地板。

1. 太阳能集热墙热风地板供暖原理

集热墙＋地板埋管技术的工作原理如图 3-7 所示。白天工况，集热墙通过太阳集热量加热腔体内的空气，达到所要求的蓄热温度（40℃）时，启动风机，将加热的空气送入地板埋管，经充分散热（地板蓄热）后通过送风口进入室内（20℃），进入室内的空气通过集热墙回风口进入集热墙的腔体内进行加热，如此完成集热与蓄热循环；夜晚工况，地板混凝土层蓄存的热量，经过近 10h 的传热延迟，热量到达地板表面，通过对流与辐射的方

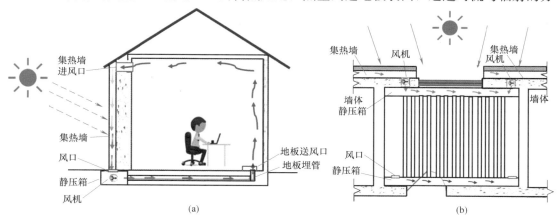

(a)　　　　　　　　　　　　　　　　　(b)

图 3-7　耦合太阳能集热墙的地板供暖技术原理

（a）剖面图；（b）平面图

式将热量散至室内，用于满足夜间工况的热需求。

2. 光伏特朗勃墙直驱电热膜地板供暖原理

光伏特朗勃墙直驱电热膜地板供暖原理如图3-8所示[10]。白天，打开室内回风口风阀和进风口风阀，太阳能光伏板接收到太阳辐射能，一方面转化为电能，发电量通过电热膜对地板层定热流加热，将电能转化为热能全部储存在地板层；另一方面光伏板背面温度升高，加热空气流道中的空气，转化为热能，并与室内形成自然对流，起到对室内空气加热和光伏板降温的目的，既提高发电效率又回收热量用于加热室内空气。夜晚时，关闭室内回风口风阀和进风口风阀，对室内起到保温作用，同时依靠白天蓄积在地板层的热量，慢慢散发至室内进行供暖。

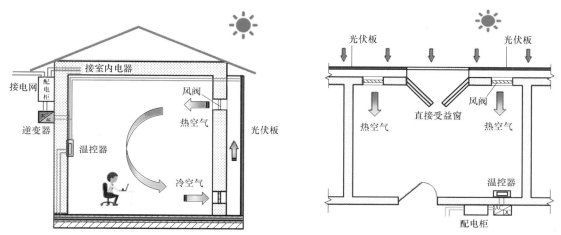

图3-8 直接受益窗与光伏驱动电热膜地板组合式供暖技术原理[10]

3.4 建筑蓄放热强化技术应用

为验证直接受益窗与光伏驱动电热膜地板组合式供暖技术的应用效果，本节以阿坝县某小学宿舍楼"暖巢二号"项目为原型，对该技术进行了模拟分析。

3.4.1 项目概况

1. 气候特征

项目位于川西阿坝藏族羌族自治州阿坝县，平均海拔3491m，气候分区属于四川省高海拔严寒地区，供暖期为229d，供暖期平均干球温度−2.2℃，极端最低气温−36.0℃。图3-9给出了月平均干球温度和月总太阳辐射量，可见最冷月平均温度为−7.7℃，12月总太阳辐射量最低为107.9kWh。典型日气象参数特性如图3-10所示，昼夜温差达到21.3℃，太阳辐照度最大为639W/m²。

2. 建筑概况

建筑高度11.68m，地上3层，总建筑面积1407m²。建筑效果如图3-11所示，宿舍房间均朝南向布置，北向为活动空间及其他功能区，宿舍房间尺寸为3.3m×6.5m×

3.2m（开间×进深×高度）。外墙构造由内到外依次为 240mm 页岩砖、80mm 聚氨酯保温、120mm 页岩砖，特朗勃墙采用 EPS 外保温，中间层地板构造为 120mm 钢筋混凝土＋电热膜＋70mm 混凝土，一层地板采用 XPS 外保温，屋面采用 EPS 外保温，南向外窗尺寸 2.1m×3.2m（宽×高），由外侧单层玻窗和内侧 Low-E 中空玻璃窗组合而成，具有阶跃传热特性，南向外墙铺设光伏板，尺寸为 0.6m×3.2m（宽×高），每个宿舍房间分配两块，光伏板与南向外墙间留有空气流道，为提高光伏板太阳辐射接收量，结合建筑美学可接受范围，最终确定光伏板以 84°倾角安装。

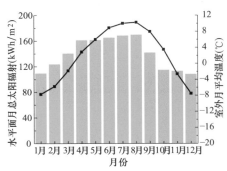

图 3-9　全年逐月气象参数特性

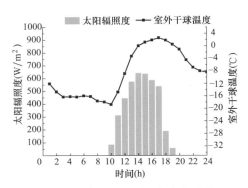

图 3-10　典型日逐时气象参数特性

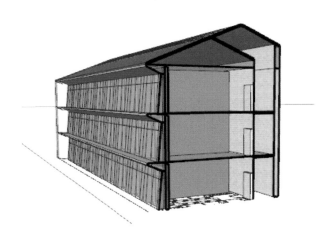

图 3-11　建筑效果图

3.4.2　研究方法

1. 模拟条件

采用 EnergyPlus 软件进行仿真模拟。宿舍楼几何模型如图 3-12 所示，围护结构热工参数及其他模型参数见表 3-3。控制策略：供暖季晴天 10：00～18：00 开启直接受益窗内窗与空气流道风阀，其余时间关闭。模拟室外气象参数选取四川省红原县典型年气象数据。

图 3-12 建筑几何模型

模型参数设置 表 3-3

参数名称	数值
外墙传热系数[W/(m² · K)]	0.33
屋面传热系数[W/(m² · K)]	0.27
地板传热系数[W/(m² · K)]	0.33
内侧窗(6mm+12mm+6mm Low-E 中空窗)传热系数[W/(m² · K)]	2.1
外侧透明玻璃(6mm)传热系数[W/(m² · K)]	5.8
宿舍人员密度(m²/人)	5.4
室内设备功率(W/m²)	0
照明功率密度(W/m²)	5
分时段换气次数(h⁻¹)	1.0/1.5

2. 对比方案设定

模拟分实验组和对照组,实验组采用光伏特朗勃墙直驱电热膜地板供暖技术,外窗采用具有阶跃传热特性的直接受益窗;对照组未采用光伏特朗勃墙直驱电热膜地板供暖技术,采用具有阶跃传热特性的直接受益窗,其余模拟参数均与实验组一致。

3.4.3 模拟结果

通过全年动态模拟得出房间室内空气和室内地板表面温度变化特征。选取二层中部房间为典型房间分析,结果如图 3-13 所示,可以看出实验组白天室外最高气温为 5.1℃时,室内最高温度达到 23.2℃;夜间室外最低气温为−20℃时,室内最低温度 17℃,在室外空气昼夜温差为 25.1℃情况下,室内空气昼夜温差约为 6.2℃。对照组室内最高温度达到 20℃;夜间室内最低温度 15.5℃,室内空气昼夜温差为 4.5℃。光伏特朗勃墙直驱电热膜地板供暖技术白天最高可提高房间温度约 3.2℃,夜晚最低可提高房间温度约 1.5℃。这是因为实验组光伏特朗勃墙直驱电热膜地板供暖技术为房间额外提供了热量,使得房间空气温度相对升高。

在直接受益窗和地板电热膜共同作用下,实验组白天地板表面温度快速升高,5h 内从最低温度 21.5℃升高到最高温 26.3℃,随后经过 19h 放热过程,逐渐降低至最低点。

地板表面温度完全满足地板辐射供暖的舒适性要求，同时也不会造成地面局部皲裂等现象。对照组白天地板表面最高温度 23.8℃，夜间地板表面最低温度 19.7℃。光伏特朗勃墙直驱电热膜地板供暖技术白天最高可提高地板表面温度约 2.5℃，夜晚最低可提高地板表面温度约 1.8℃。

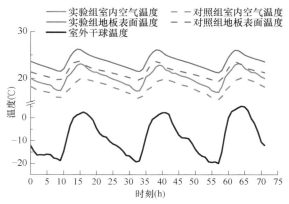

图 3-13　典型房间室内地板表面和室内空气温度变化

3.4.4　分析与讨论

1. 对比方案设定

图 3-14 给出了典型房间室内空气热平衡分析结果。从图中可以看出，室内空气失热量最大的部分是新风耗热量，最大时达到 643W；其次是窗户对流散热量，夜晚内窗关闭时对流部分仅 40W 左右，白天内窗开启时对流散热为 100W。

图 3-14 中的非透明壁面热流是指与室内空气接触的地板、顶棚和墙体与室内空气的对流换热量，夜晚，随着室内空气温度降低，非透明壁面向室内散热，热流不断增加，早晨热流最大为 659W；室内热源得热主体部分为人员散热；光伏特朗勃墙热流为光伏板背面散热量被流道内空气吸收，热空气通过自然对流方式送到室内部分，峰值热流可达 328W。

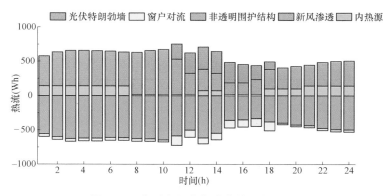

图 3-14　典型房间空气动态热平衡特性

统计供暖季建筑总得失热量，结果如图 3-15 所示。供暖季直接受益式外窗得热占比高达 58%，新风渗透失热量占比 60%，其次为外窗，墙体部分失热仅占 6%。可见墙体保温对建筑性能进一步提升作用有限，控制新风渗透应作为减少建筑失热的主要研究方向。

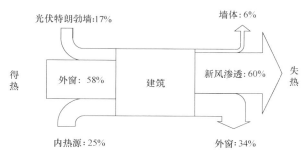

图 3-15 供暖季建筑热流平衡统计

2. 直接受益窗与光伏特朗勃墙性能分析

白天太阳辐射较强时直接受益窗开启内侧 Low-E 中空玻璃窗，太阳辐射透过外侧单层透明玻璃为房间提供热量；夜晚无太阳辐射得热时关闭内侧 Low-E 中空玻璃窗增加窗户热阻，减少室内热量通过对流和长波辐射被玻璃吸收散失到室外。从图 3-16 可看出，窗户白天得热量较大，单位面积窗户峰值净热流可达到 $366W/m^2$，夜间窗户失热量同样较大，基本保持在 $-45W/m^2$ 左右。全天单位面积直接受益窗累计得热量为 $1.487kWh/m^2$。

相对直接受益窗而言，白天光伏特朗勃墙集热效率较低，夜晚散热量同样较低。白天光伏特朗勃墙集热分为光伏板发电部分和光伏板散热被空气流道内空气吸收送进室内部分，并有一部分热量蓄进墙体内部，单位面积峰值净热流为 $150W/m^2$。全天单位面积光伏特朗勃墙累计得热量为 $0.9kWh/m^2$。对比得出，单位面积直接受益窗得热量高于单位面积特朗勃墙。所以本项目除承重墙以外全部采用直接受益窗。

3. 地板蓄放热特性分析

图 3-17 所示为建筑典型房间的地板动态热流特性，可以看出地板蓄热主要来源为通过直接受益窗的太阳辐射和地板内部由光伏板供电的电热膜发热，下午太阳辐射得热最大可达 2000W，电热膜最大发热功率可达 318W，两部分得热均随太阳辐射强度变化。

地板失热主要包括：提升室内空气温度的对流部分和被室内其他壁面吸收的长波辐射部分。对流散热主要受室内空气温度和地板表面温度影响，由于空气热容小于混凝土，白天，室内空气温度升高速度较快，对流换热量逐渐

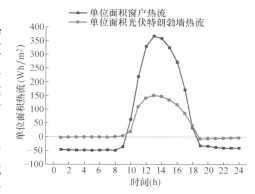

图 3-16 直接受益窗与光伏特朗勃墙动态热流对比

降低；夜晚，空气温度降低速度较快，对流换热温差增加，导致对流换热量增加。地板长波辐射失热取决于地板和室内其他壁面的表面温度，全天波动较小。

地板蓄热量计算见式（3-2）：

$$q_{st} = q_{LWX} + q_{conv} + q_{sol} + q_{IS} + q_{EF} \tag{3-2}$$

式中　q_{st}——蓄热量；

　　　q_{LWX}——长波辐射得热；

　　　q_{conv}——对流得热；

　　　q_{sol}——太阳辐射得热；

　　　q_{IS}——室内热源辐射得热；

　　　q_{EF}——电热膜得热。

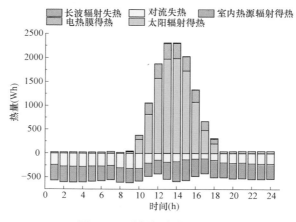

图 3-17　地板得失热动态特性

图 3-18 所示为室内温度、地板蓄热量以及水平面单位面积太阳辐射三者的动态变化特性。可看出地板蓄热时间为 10:00～18:00，其余时间地板向外放热，蓄热波动趋势与太阳辐射趋势一致，13:00 地板峰值蓄热速率可达 1720W；夜晚地板稳定输出热量，放热速率在 550W 上下波动，地板表面昼夜温差为 4.7℃。室内空气温度在 10:00 开始升高，16:00 上升至顶点，说明地板蓄热特性使室内温度波动滞后 4h，并将室内空气昼夜温差降低至 5.7℃。

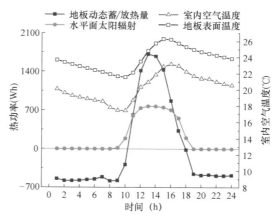

图 3-18　地板动态蓄放热特性

4. 适用性分析

具有阶跃传热特性直接受益窗经过长时间应用证明有较强的实用性。光伏特朗勃墙直驱电热膜地板供暖技术在供暖季利用光伏板发电直接通入地板内电热膜，多余电量经过逆变器转换后满足建筑其他用电需求，光伏板背面空气流道与室内形成自然对流，加热室内空气的同时可为光伏板降温，提升光伏板发电效率。当出现连续阴雨天气时，可直接利用市电加热电热膜保证室内温度。夏季无供暖需求时，光伏板也能为建筑提供能源，此时光伏板背面空气流道与室外空气连通，以自然对流形式为光伏板降温，系统冬夏季均可使用，避免了设备闲置，系统灵活性较高。系统主要部件为光伏板和电热膜，设备造价较低，设备寿命可达25年。直接受益窗与光伏驱动电热膜地板组合式供暖系统构造简单，基本免维护。

本章参考文献

［1］　石利军，戎向阳，司鹏飞等. 高原被动式太阳能建筑透明围护结构的阶跃传热特性［J］. 暖通空调，2019，49（2）：107-110.

［2］　中国建筑西南设计研究院有限公司. 四川省居住建筑节能设计标准. DB51/5027—2019［S］. 成都：西南交通大学出版社，2019.

［3］　冯雅，杨旭东，钟辉智. 拉萨被动式太阳能建筑供暖潜力分析［J］. 暖通空调，2013，43（6）：31-34，85.

［4］　祁清华，冯雅，谷晋川，等. 直接受益式太阳能建筑关键热工参数动态分析研究［J］. 可再生能源，2010，28（3）：6-10.

［5］　戎向阳，钱方，司鹏飞，石利军. 一种组合式被动太阳能围护结构［P］. 201920047105. 0，2019.

［6］　Pengfei Si, Yuexiang Lv, Xiangyang Rong, Lijun Shi. An innovation building envelope with variable thermal performance for passive heating systems［J］, Applied Energy, 2020, 269: 1-11.

［7］　司鹏飞，戎向阳，石利军 等. 动态可调高性能窗户及其运行控制方法［P］. 201911095571. 7，2019.

［8］　司鹏飞，戎向阳，石利军 等. 一种集热保温隔声一体化窗及其控制方法［P］. 201910994516. 5，2019.

［9］　贾纪康，司鹏飞，戎向阳，等. 直接受益窗与光伏驱动电热膜地板组合式供暖技术性能［J］. 暖通空调，2020，50（5）：85-90.

［10］　清华大学，中国建筑西南设计研究院有限公司. 太阳能建筑一体化供热系统及其控制方法［P］. 201910867566.7，2019.

第4章 太阳能热水供暖的集热系统设计

太阳能集热系统是太阳能供暖系统的核心子系统，对整个供暖系统的性能具有极其重要的影响[1]。太阳能集热系统的设计包括集热器的选型、集热系统热媒参数确定、集热器安装倾角与方位角优化、集热器阵列与间距设计、集热量计算与集热面积确定、集热系统的运行策略优化、集热系统的防冻和防过热措施等众多方面。其中，集热器的集热量计算是整个系统设计的核心步骤，本章将对其进行重点介绍。

4.1 集热器效率的数学描述

集热器的性能参数是集热量计算的重要组成部分，为了更好地了解集热器的运行特性，必须确定集热器的效率方程，以此分别计算集热器的瞬时性能（即在给定的某个时刻的集热器性能，它是该时刻的气象和运行条件的函数）和集热器全年运行性能（集热系统全年的集热量、平均集热效率、太阳能贡献率等）。

4.1.1 集热器效率方程

某时刻从集热器得到的有用的能量是集热器吸收的太阳能量与散失到周围环境的能量之差，其中吸收的太阳能量是指到达集热器表面的太阳能减去由于集热器反射等造成的光学损失，如图 4-1 所示。

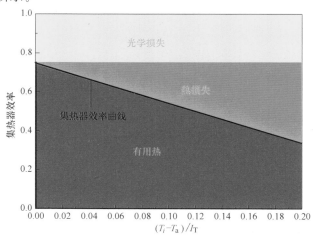

图 4-1　太阳能集热设备能量平衡原理示意

大多数集热器都适用如下方程：

$$\eta=F_R(\tau\alpha)_n-F_RU_L(T_i-T_a)/I_T \tag{4-1}$$

式中　η——集热器的集热效率；

$\quad\quad I_T$——集热器单位面积接收的太阳辐照度，W/m^2；

$\quad\quad F_R$——集热器转移效率系数；

$\quad\quad \tau$——透明罩板的太阳能透射系数；

$\quad\quad \alpha$——集热器平板的太阳能吸收系数；

$\quad\quad U_L$——集热器总热损失系数，$W/(℃\cdot m^2)$；

$\quad\quad T_i$——集热器流体进口温度，$℃$；

$\quad\quad T_a$——周围环境空气温度，$℃$。

4.1.2　典型集热器效率曲线

实际应用中，常通过实验测试与数据拟合，得到式（4-1）中的参数，将集热器效率拟合成一次或二次函数。常采用的集热器类型包括平板集热器和真空管集热器，实际工程设计中可通过备选设备厂家，获得所选型号集热器的效率方程。若工程设计前期无法获得相关数据时，也可参考式（4-2）和式（4-3）给出的平板集热器和真空管集热器效率公式进行计算（该公式来源于某厂家设备检测报告）：

$$\eta=0.7595-5.7375(T_i-T_a)/I_T（平板） \tag{4-2}$$

$$\eta=0.744-2.585(T_i-T_a)/I_T（真空管） \tag{4-3}$$

式中　η——集热器的集热效率；

$\quad\quad I_T$——集热器单位面积上接收的太阳辐照度，W/m^2；

$\quad\quad T_i$——集热器流体进口温度，$℃$，即供暖回水温度；

$\quad\quad T_a$——周围环境空气温度，$℃$。

图 4-2 对比了平板和真空管两种集热器性能特征，从图中可以看出，平板集热器光学效率大于真空管集热器，但是平板集热器效率随 $(T_i-T_a)/I_T$ 的增大下降较快，即平板集热器的效率曲线斜率的绝对值大于真空管集热器。图 4-3 对比了传统平板集热器和市场上的高性能平板集热器，从图中可以看出，市场上新近开发的高性能平板集热器〔其效率

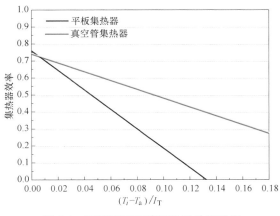

图 4-2　平板和真空管集热器性能特征

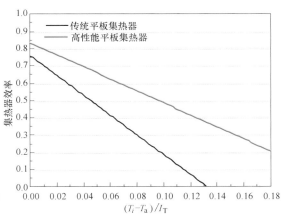

图 4-3　传统平板和高性能集热器性能特征

方程如式（4-4）所示］，无论从光学效率，还是效率随 $(T_i - T_a)/I_T$ 的增大而衰减程度，均得到了极大提升，大大降低了集热器的光学损失和热学损失，提高了集热效率，其将成为未来太阳能供暖的主流产品。

$$\eta = 0.839 - 3.483(T_i - T_a)/I_T（高性能平板）\tag{4-4}$$

4.2 集热系统有效集热量计算与分析

实际应用中，由于太阳能光热供暖系统集热效率不仅受辐照度的影响，还与室外环境空气干球温度和集热温度有关，较低的室外空气温度与较弱的太阳辐照度时段，集热器表面对流换热造成的散热损失大于集热器的太阳辐射得热量，所以在温度与太阳辐照度较低的日出和日落时段，虽然集热器表面可以接收到太阳辐射能，但集热器并不能获得有效的热量用于加热其中的液体工质，这导致一天中近 2h 的太阳辐射能是无效的，尤其在一些阴雪天气时段更是如此，如图 4-4 所示[2,3]。

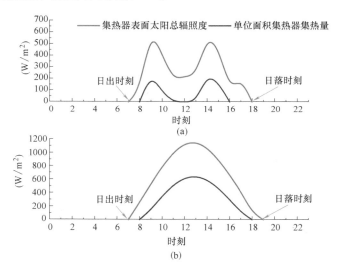

图 4-4 典型日集热器表面太阳总辐照度与集热量

（a）阴天；（b）晴天

4.2.1 归一化温差与临界归一化温差

太阳能光热利用中常将工质进口温度（或工质平均温度）和环境温度的差值与太阳辐照度之比 $(T_i - T_a)/I_T$ 定义为归一化温差。令集热器的效率 $\eta = 0$，则定义 $[(T_i - T_a)/I_T]_c$ 为临界归一化温差，如图 4-5 所示，在临界归一化温差条件下，集热器吸收的太阳能等于热损失。当 h 时刻的归一化温差 $[(T_i - T_a)/I_T]_h \leqslant [(T_i - T_a)/I_T]_c$ 时，$\eta(h) \geqslant 0$，吸收的太阳能大于热损失，集热器获得有效热量；当 h 时刻的归一化温差 $[(T_i - T_a)/I_T]_h \geqslant [(T_i - T_a)/I_T]_c$ 时，$\eta(h) \leqslant 0$，吸收的太阳能小于热损失，集热器反向散热。

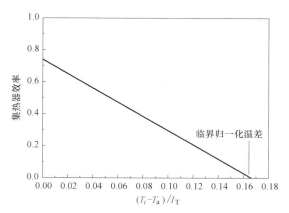

图 4-5　太阳能集热器的临界归一化温差

4.2.2　有效集热量的定义与计算方法

1. 有效集热量定义

太阳能集热系统的有效集热量定义为：某时刻，当归一化温差小于临界归一化温差时，太阳能集热器所吸收的太阳辐射能量与集热器散失到周围环境的能量之差，称为该时刻的有效集热量；太阳能集热器获得有效集热量时刻所对应的太阳辐射照度值称为该时刻的有效太阳辐照度[2]。

2. 有效集热量计算

根据上述定义，可知 h 时刻集热器有效集热量的数学描述为：

$$Q_{u}(h) = \frac{3600\eta^{+}(h) \cdot A \cdot I_{T}(h)}{1000} \tag{4-5}$$

式中　$Q_{u}(h)$——h 时刻集热器的有效集热量，kJ；

A——集热器采光面积，m^2；

$\eta^{+}(h)$——h 时刻集热器瞬时效率，%，上标"+"表示剔除非正值；

$I_{T}(h)$——h 时刻集热器采光面入射太阳辐照度，W/m^2。

$$I_{T}(h) = I_{D \cdot \theta}(h) + I_{d \cdot \theta}(h) + I_{R \cdot \theta}(h) \tag{4-6}$$

式中　$I_{D \cdot \theta}(h)$——倾斜表面上的太阳直射辐照度，W/m^2；

$I_{d \cdot \theta}(h)$——倾斜表面上的太阳散射辐照度，W/m^2；

$I_{R \cdot \theta}(h)$——地面反射的太阳辐照度，W/m^2。

$$I_{D \cdot \theta}(h) = I_{DH}(h) \cdot \frac{\cos\theta}{\sin\alpha_{s}} \tag{4-7}$$

$$I_{d \cdot \theta}(h) = \frac{I_{dH}(h)(1+\cos S)}{2} \tag{4-8}$$

$$I_{R \cdot \theta}(h) = \rho_{G} \frac{[I_{DH}(h) + I_{dH}(h)](1-\cos S)}{2} \tag{4-9}$$

式中　$I_{DH}(h)$——水平面上的直射辐照度，W/m^2；

$I_{dH}(h)$——水平面上的太阳散射辐照度；W/m^2；

S——集热器采光面与水平面之间的夹角；

θ——太阳入射光线与接收表面法线之间的夹角；

α_s——高度角；

ρ_G——地面反射比。

从而，可得整个供暖季节集热器的有效集热量：

$$Q_u = \sum_{h=h_s}^{h=h_e} \frac{3600\eta^+(h) \cdot A \cdot I_T(h)}{1000}$$ (4-10)

式中　Q_u——供暖季集热器的有效集热量，kJ；

h_s与h_e——分别为供暖的起始时刻和终止时刻。

有效集热量的计算流程如图 4-6 所示。首先，输入安装方位角、安装倾角、供热参数、集热器效率方程等基础参数；其次，利用式（4-6）～式（4-9）计算集热器采光面入射太阳辐照度；接着计算 h 时刻集热器归一化温差，若其小于临界值，则利用式（4-5）计算该时刻的有效集热量，并获得该时刻的有效辐照度，若其大于临界值，则进入下一时

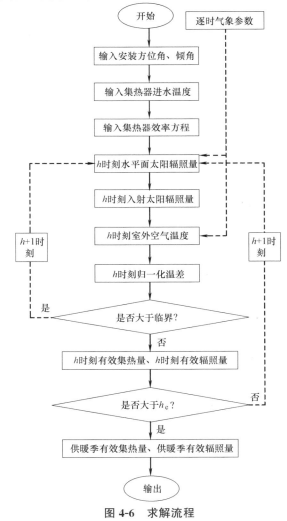

图 4-6　求解流程

刻计算，以此类推完成整个供暖季的逐时动态计算；最后，将逐时计算结果，利用式（4-10）计算得到整个供暖季节的有效集热量。

4.2.3　有效集热量对工程设计的影响

为了了解有效集热量对工程应用的影响，本节以典型的太阳能富集地区为例，详细分析典型地区有效集热量特征，并与传统计算方法进行对比分析，评估对集热面积计算中主要参数的影响情况。

1. 典型地区有效集热量特征

（1）典型地区选取

太阳能供暖主要适用于太阳能资源丰富区（Ⅰ区）和太阳能资源较丰富区（Ⅱ区）的严寒和寒冷地区。为此，本书选取了太阳能资源丰富的严寒地区、太阳能资源丰富的寒冷地区、太阳能资源较丰富的严寒地区及太阳能资源较丰富的寒冷地区4个典型气候资源区进行研究。其中太阳能资源丰富的严寒地区选择格尔木作为代表性城市，太阳能资源丰富的寒冷地区选择拉萨作为代表性城市，太阳能资源较丰富的严寒地区选择红原作为代表性城市，太阳能资源较丰富的寒冷地区选择银川作为代表性城市。

（2）气象参数

上述典型地区的气候特征如图4-7所示。从图中可以看出，供暖季节太阳能资源最好的是拉萨，格尔木与红原的冬季太阳能资源接近（虽然格尔木全年太阳辐照高于红原），银川太阳能资源最差。冬季最为寒冷的是红原，其次是格尔木，最暖和的是拉萨。计算中采用的逐时气象参数来源《中国建筑热环境分析专用气象数据集》。

（3）集热参数

为了保证供热品质，现有太阳能集热系统常采用定集热系统出口温度的变流量运行方式。供热参数对集热器性能具有重要影响，本节按照集热温度为50℃进行计算，后续将分析集热温度对有效集热量的敏感性。选择平板集热器作为研究对象，供暖周期如下：格尔木、红原等严寒地区供暖周期为本年度11月～次年4月，共6个月；拉萨、银川的供暖周期为本年度11月～次年3月，共5个月。

（4）计算结果

利用上述计算方法与输入参数，对典型地区的有效集热量与有效太阳辐照量进行了逐时动态计算，以明确集热器采光面入射太阳辐照量与有效太阳辐照量的差别，以及集热器的有效集热量与集热效率。本节给出的是平板集热器的计算结果，下一节将讨论不同集热器的影响。

其中，相对误差指的是采光面入射太阳辐照量与有效太阳辐照量的差别，按照下式计算：

$$相对误差 = \frac{（入射辐照量-有效辐照量）}{入射辐照量} \times 100\% \tag{4-11}$$

1）太阳能资源丰富（Ⅰ区）的寒冷地区

图4-8给出了拉萨逐月入射辐照量与有效辐照量的计算结果。从图中可以看出，有效辐照量与入射辐照量的相对误差在6%～18%波动，平均相对误差为11.3%，相对误差最

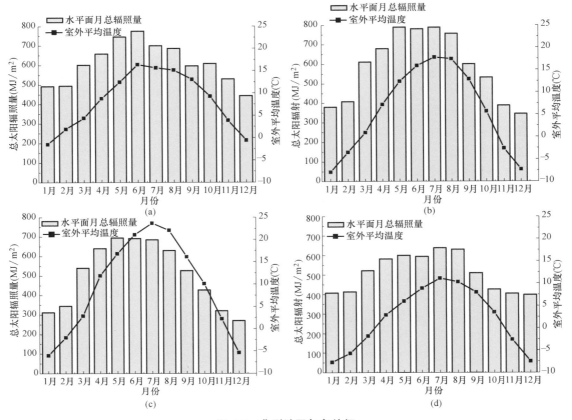

图 4-7 典型地区气象特征

（a）拉萨；（b）格尔木；（c）银川；（d）红原

小的月份是 11 月，最大的月份是 3 月。这可能与该地区 3 月份阴雨天较多有关。从图 4-8 中可以看出，月平均有效集热量约 $266MJ/m^2$。

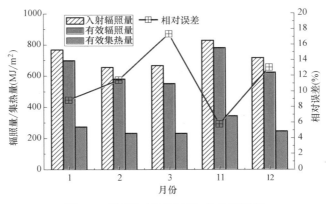

图 4-8 拉萨入射辐照量与有效辐照量

2）太阳能资源丰富（Ⅰ区）的严寒地区

图 4-9 给出了格尔木逐月入射辐照量与有效辐照量的计算结果。从图 4-9 中可以看出，有效辐照量与入射辐照量的相对误差在 8%～18% 波动，平均相对误差为 12.6%，相对误差最小

的月份是 12 月，最大的月份是 2 月。从图中可以看出，月平均有效集热量约 221MJ/m²。

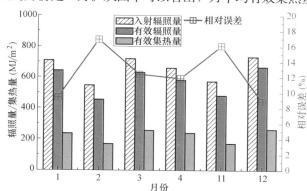

图 4-9　格尔木入射辐照量与有效辐照量

3）太阳能资源丰富（Ⅱ区）的寒冷地区

图 4-10 给出了银川逐月入射辐照量与有效辐照量的计算结果。从图 4-10 中可以看出，有效辐照量与入射辐照量的相对误差在 11%～20% 波动，平均相对误差为 14.8%，相对误差最小的月份是 11 月，最大的月份是 2 月。从图中可以看出，月平均有效集热量约 176MJ/m²。

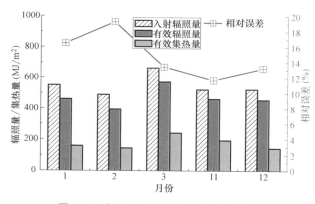

图 4-10　银川入射辐照量与有效辐照量

4）太阳能资源丰富（Ⅱ区）的严寒地区

图 4-11 给出了红原逐月入射辐照量与有效辐照量的计算结果。从图 4-11 中可以看出，有效辐照量与入射辐照量的相对误差在 7%～20% 波动，平均相对误差为 14.3%，相对误差最小的月份是 12 月，最大的月份是 4 月。从图中可以看出，月平均有效集热量约 211MJ/m²。

通过上述计算结果可知，上述典型地区有效辐照量与入射辐照量的平均相对误差在 11%～15%，太阳能资源越差、越寒冷的地方，有效辐照量与入射辐照量的平均相对误差越大，在太阳能供暖设计中更应该对其进行关注。

5）集热参数对有效集热量的影响

以拉萨为例，开展了集热参数与集热器类型对有效集热量影响的敏感性分析。分别计算了不同集热温度工况下平板集热器有效集热量的变化，结果如图 4-12 所示。从图 4-12 中可以看出，集热温度对集热器有效集热量具有重要影响，集热温度每提高 5℃，有效集热量下降约8%；集热温度对不同月份有效集热量的影响程度接近（斜率接近）。

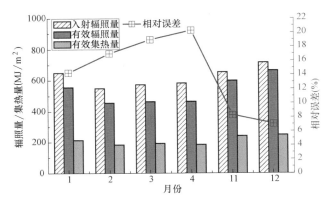

图 4-11　红原入射辐照量与有效辐照量

同时也分别计算了不同集热温度工况真空管集热器有效集热量的变化，结果如图 4-13 所示。从图 4-13 中可以看出，集热温度对真空管集热器有效集热量同样具有重要影响，但影响程度相对平板集热器而言略小，集热温度每提高 5℃，有效集热量下降约4%；集热温度对不同月份有效集热量的影响程度接近（斜率接近）。

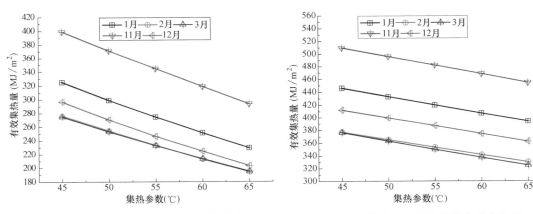

图 4-12　拉萨平板集热器有效集热量随　　　图 4-13　拉萨真空管集热器有效集热量
　　　　　集热温度的变化　　　　　　　　　　　　随集热温度的变化

2. 与传统计算方法的对比分析

（1）传统集热量计算方法

相关文献在进行集热器面积计算时采用了如下公式：

$$A_{\mathrm{C}} = \frac{86400 Q_{\mathrm{H}} f}{J_{\mathrm{T}} \eta_{\mathrm{cd}} (1 - \eta_{\mathrm{L}})} \tag{4-12}$$

式中　A_{C}——集热器总面积，m^2；

Q_{H}——建筑物耗热量，W；

J_{T}——集热器采光面上的平均日辐照量，$\mathrm{J/(m^2 \cdot d)}$；

η_{cd}——基于总面积的集热器平均集热效率，%；

η_{L}——管路及储热装置热损失率，%。

从式（4-12）可以看出，$J_T\eta_{cd}$ 项即为集热器的日平均集热量。该方法采用下式计算（对于短期蓄热）：

$$J_T\eta_{cd}=J_T\left[\eta_0-U\frac{(t_i-t_a)}{H_d/(3.6S_d)}\right] \tag{4-13}$$

式中　η_0——集热器光学效率（常数），%；

　　　U——集热器总热损失系数（常数），$\mathrm{W/(m^2\cdot K)}$；

　　　t_i——集热器工质进口温度，℃；

　　　t_a——环境温度（对于短期蓄热取当地 12 月的月平均室外环境空气温度），℃；

　　　H_d——12 月采光面上的太阳总辐射月平均日辐照量，$\mathrm{kJ/(m^2\cdot d)}$；

　　　S_d——12 月平均每日的日照小时数，h。

其中 12 月平均每日的日照小时数按照"$\geqslant 120\mathrm{W/m^2}$ 的直射辐照度时段的总和"进行统计。下文计算中采用的气象参数来源于《中国建筑热环境分析专用气象数据集》。

（2）平均日辐照量 J_T 计算差异

对于短期蓄热，传统计算方法认为集热器采光面上的平均日辐照量 J_T 为当地纬度倾角平面 12 月的月平均日辐照量。故可得两种方法日平均辐照量计算差异，如图 4-14、图 4-15 所示。其中，平均日辐照量计算误差指的是传统方法计算得到的平均日辐照量与本计算方法得到的平均日辐照量的差别，按照下式计算：

$$计算误差=\frac{(12\ 月日平均辐照量-日平均有效辐照量)}{日平均有效辐照量}\times100\% \tag{4-14}$$

从图 4-14 中可以看出，由于传统集热量计算方法对于辐照量与集热效率均采用日平均计算方法，所计算的日平均太阳辐照量中包含了无效太阳辐照，导致集热器采光面上的平均日辐照量 J_T 的计算结果偏大；随着集热温度的升高，集热器对流换热损失增大，集热器获得有效集热量所需要的辐照度增大，导致集热器的有效辐照量下降，进而使得日平均集热量计算误差增加；典型计算地区的平均计算误差在 5%～20% 波动。

从图 4-15 中可以看出，相对于平板集热器，真空管集热器由于保温性能好，集热器效率受室外温度和集热温度的影响较小，导致获得有效集热量所需的最小辐照度降低，由

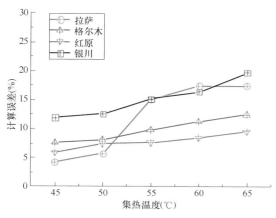

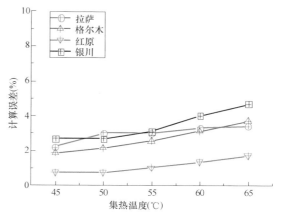

图 4-14　平均日辐照量计算误差（平板集热器）　　图 4-15　平均日辐照量计算误差（真空管集热器）

此造成日平均集热量计算误差较小；典型计算地区的平均计算误差在1%～5%波动。

（3）平均集热效率 η_{cd} 计算差异

两种方法得到的平均集热效率计算结果如图4-16、图4-17所示。其中，平均集热效率计算误差指的是传统方法计算得到的平均集热效率与本计算方法得到的平均集热效率的差别，按照下式计算：

$$计算误差=\frac{（传统平均集热效率-本书平均集热效率）}{本书平均集热效率}\times100\%\qquad（4-15）$$

从图4-16中可以看出，对于不同的典型地区，两种计算方法可能存在正向或者负向的不确定性误差。这是因为传统计算方法所取的日平均空气温度（包括了夜间气温）明显低于集热器实际运行时白天的空气温度，导致环境温度 t_a 取值降低，平均集热效率减小；同时，所统计的日照小时数为≥120W/m² 的直射辐照度时段，导致的总辐射照度 $H_d/(3.6S_d)$ 升高，大于集热器实际入射辐照量，由此造成集热效率增大。由于上述两个因素对计算结果影响趋势的不一致性，导致平均集热效率 η_{cd} 计算结果存在不确定性误差。

从图4-17中可以看出，由于真空管集热器集热效率受室外空气的影响相对平板集热器小，导致传统平均集热效率计算结果均大于实际集热效率的平均值。对于所选择的典型地区，计算误差在10%以内。

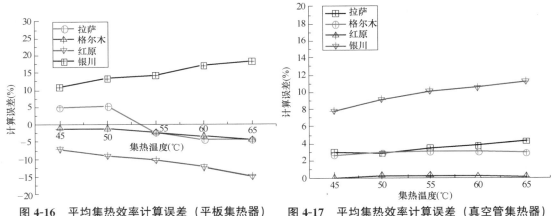

图4-16　平均集热效率计算误差（平板集热器）　　图4-17　平均集热效率计算误差（真空管集热器）

（4）日平均集热量 $J_T\eta_{cd}$ 计算差异

两种方法得到的日平均集热量计算结果如图4-18、图4-19所示。其中，日平均集热量计算误差指的是传统方法计算得到的日平均集热量与本计算方法得到的日平均有效集热量的差别，按照下式计算：

$$计算误差=\frac{（传统方法集热量-本书方法集热量）}{本书方法集热量}\times100\%\qquad（4-16）$$

从图4-18中可以看出，对于采用平板集热器，两种计算方法计算得到的日平均集热量对于不同的地区存在不同的计算误差。其中银川的计算误差最大，计算误差超过了25%。

从图4-19中可以看出，采用真空管集热器，两种计算方法计算得到的日平均集热量对于不同的地区也存在不同的计算误差。但是相比采用平板集热器，同一地区计算误差有所减小。这是因为真空管集热器效率随归一化温差变动导致的效率波动敏感性小于平板集热器（真空管集热器效率曲线的倾斜度低于平板集热器）。

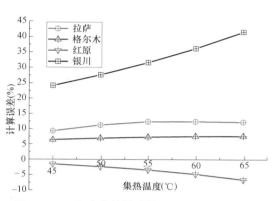

图 4-18　日平均集热量计算误差（平板集热器）

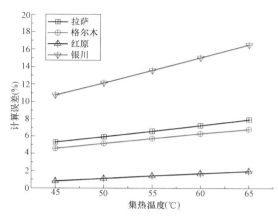

图 4-19　日平均集热量计算误差（真空管集热器）

综上所述，传统集热量计算方法对于辐照量与集热效率均采用日平均计算方法，所计算的日平均太阳辐照量中包含了无效太阳辐照，导致集热器采光面上的平均日辐照量 J_T 偏大；所取的日平均空气温度（包括了夜间气温）明显低于集热器实际运行时的空气温度，导致环境温度 t_a 减小，造成集热器效率计算偏小；所统计的日照小时数为≥120W/m² 的直射辐照度时段，导致的总辐射照度 $H_d/(3.6S_d)$ 升高，大于集热器实际入射辐照量，造成集热器效率偏大。由于上述众多因素影响，导致计算结果存在不确定性误差。

4.2.4　基于有效集热量的运行控制策略

针对传统集热系统运行可能存在的反向散热问题，笔者研究团队根据实时室外气象参数和集热器运行参数，提出了一种基于有效集热量的太阳能供暖集热系统优化运行方法（见图 4-20）[6]，通过实时控制太阳能集热系统的运行状态，以保证集热器的开启时段获

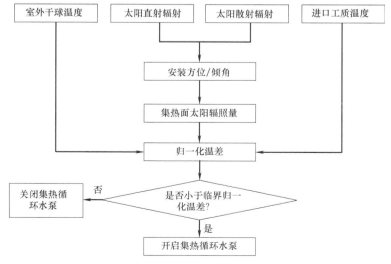

图 4-20　优化运行控制策略

得有效的太阳能热量，极大提高太阳能供暖系统的节能潜力的。

以拉萨为例，利用上述太阳能集热系统运行控制策略，可计算得到太阳能集热设备不同月份不同时刻的有效集热量，如图 4-21 所示。从图中可以看出，除部分阴雨天气外，太阳能集热器获得有效集热量的时段为 10:00～18:00，即集热设备运行时段大多在 10:00～18:00。集热设备在 14:00 左右获得的集热量最大，这主要是因为该时段太阳辐照强度较大，而且室外空气温度相对较高，导致太阳能集热器效率升高。虽然日出时间早于上午 10:00，但由于早晨太阳辐射强度较弱，而且室外温度偏低，导致归一化温差大于临界归一化温差，若开启集热设备则会出现集热器反向散热，不适于集热设备运行。

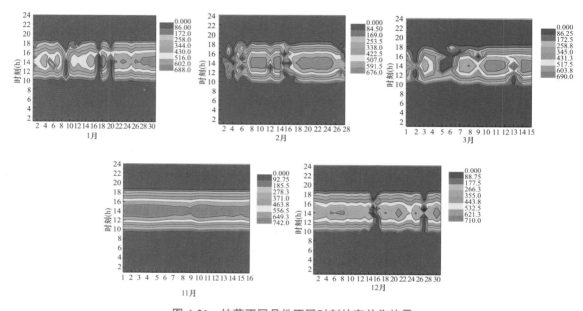

图 4-21 拉萨不同月份不同时刻的有效集热量

4.3 固定安装式太阳能集热系统设计

固定安装式太阳能集热系统是最常采用的太阳能供暖集热形式，本节将系统介绍该类集热系统的设计流程和主要参数的设计计算方法。

4.3.1 集热系统的设计流程

集热系统的设计流程如图 4-22 所示。第一，需要根据末端形式和蓄热类型所要求的热媒温度，同时考虑系统的防冻和防过热措施，合理确定集热器的类型；第二，根据所选择的集热器类型，获得集热设备的性能参数，并确定集热系统的类型（直接系统还是间接系统）；第三，设计集热系统的工质供回水温度参数、换热温度参数；第四，利用当地气象参数（主要包括太阳直射辐射、散射辐射、干球温度等逐时数据），通过分别改变集热器安装方位角和倾角，计算不同安装角度下供暖期的有效集热量，获得最佳的集热器安装方位角和倾角；第五，在选定的安装方位角和倾角下，计算给定集热面积的系统动态集热量，并进行集热、蓄热、供热三者的动态平衡分析，优化蓄热容积；第六，通过动态热平衡关系，确定辅助热源的热容量，并计算系统全年运行能耗和运行费用，得到系统的初投资和年计算费用；第七，通过改变集热面积，进行循环迭代与优化对比，选择年计算费用最低的技术方案作为设计方案。

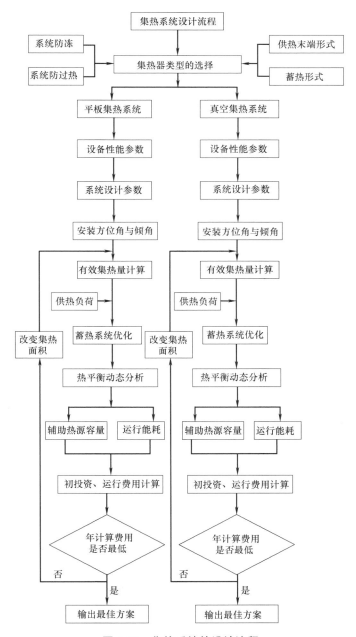

图 4-22　集热系统的设计流程

4.3.2　集热系统热媒参数确定

集热系统热媒参数的确定需综合考虑供暖末端的用热参数、蓄热温度、系统换热端差以及集热器集热效率要求，总体原则是在满足末端用热要求和管网输送能力的情况下，尽量降低集热温度，提高集热效率。对于传统平板集热器和真空管集热器，集热温度不宜高于 60℃，不应高于 70℃。

　　集热设计温度的改变，可通过集热器的连接形式和连接数量的改变而实现。图 4-23 列举出了几种集热器的连接形式，包括串联、串并联（跨越式）、并联三种形式。其中串联属于低流量阵列形式，整体流量较低、阻力大，但是温度提升较大。并联属于大流量阵列形式，整体流量较大、阻力小，但是温度提升较小。串并联属于中流量阵列形式，整体流量、阻力和温度提升都介于前两种系统中间。实际设计中应根据集热器参数和整个供热系统参数，选择合理的集热器连接阵列形式。

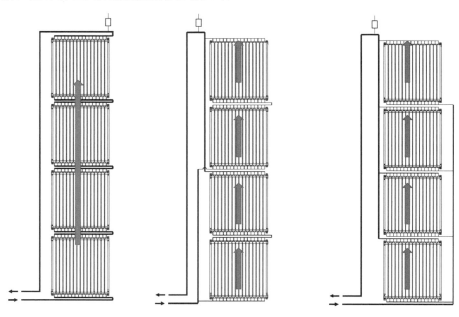

图 4-23　几种集热器的连接形式

4.3.3　基于有效集热量的安装倾角优化

1. 优化计算方法

　　传统的太阳能集热器最佳倾角与最佳方位角优化，均是通过计算不同倾角与不同安装方位角情况下的太阳辐照量，将辐照量最大的安装倾角与方位角作为最佳的安装倾角与方位角。例如对于全年使用的太阳能热水系统，通过计算不同安装方位角情况下的全年太阳辐照量来进行优化计算，对于季节性使用的太阳能供暖系统，则通过计算不同安装方位角情况下的供暖季节太阳辐照量来进行优化计算。本书以前文提出的有效集热量最大为优化目标函数[4-6]，即应使得集热器在供暖季节获得的有效集热量最大，优化数学描述为：

$$\text{MAX}[Q_u(S,\gamma_f)] = \text{MAX}\left[\sum \frac{3600\eta_T^+ \cdot A \cdot I_T(S,\gamma_f)}{1000}\right] \tag{4-17}$$

根据图 4-24 给出的求解流程，利用 MATLAB 等相关软件编制求解程序进行求解。

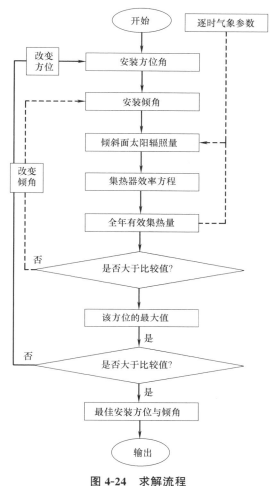

图 4-24 求解流程

2. 典型地区优化计算结果

（1）与传统方法优化结果对照

结果如图 4-25、图 4-26 所示。从图 4-25 可以看出，基于集热器表面所接收的辐照量所得出的最佳安装方位角为正南方向，而基于集热器有效集热量所得出的最佳安装方位角为南偏西 5°。这主要是因为上午时段的室外空气温度通常低于下午时段，而同样的辐照强度下，室外空气温度越低，所获得的有效集热量越少，故基于有效集热量对集热器安装进行优化可能会与基于集热器表面接收到的辐照强度进行优化的结果有所不同。而对于格尔木，最优的安装方位角为南偏西 5°，两种方法优化结果一致。可见，利用新的优化方法得到的集热器安装方位优化结果可能与传统优化方法存在 5°左右的偏差。

但是实际工程应用中常受到建筑安装条件等制约，未必均能按照最佳安装方位角与倾角进行安装。为了不对建筑规划设计造成限制，故本节以正南方向、倾角为 40°为基准，分别给出了不同安装方位与倾角状况下，有效集热量的修正因子，以便于太阳能集热系统设计更为准确，如表 4-1 所示。从表 4-1 中可以看出，集热器朝向在－20°～＋20°的朝向范围内时，供暖季节有效集热量波动在 10%以内，且偏东对有效集热量影响较大；安装

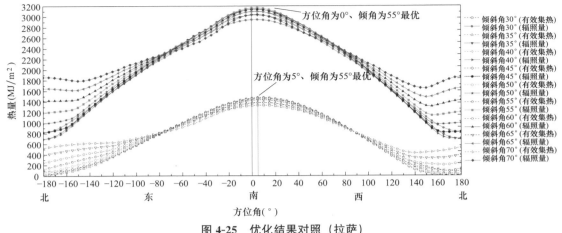

图 4-25　优化结果对照（拉萨）

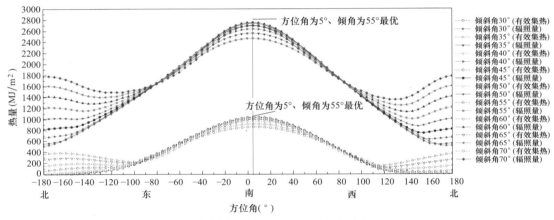

图 4-26　优化结果对照（格尔木）

倾角选择在当地纬度～当地纬度＋25°的范围内，供暖季节有效集热量波动在15%以内。故在太阳能集热设计中，为了不受建筑使用条件的制约，可以适当拓展集热器安装方位角及倾角。

拉萨集热器安装倾角与方位角修正系数　　　　　　　　　　　表 4-1

倾角(°) ＼ 方位角(°)	−40	−35	−30	−25	−20	−15	−10	−5	0	5	10	15	20	25	30	35	40
30	1.18	1.15	1.12	1.11	1.10	1.07	1.07	1.07	1.07	1.08	1.08	1.09	1.10	1.11	1.13	1.16	1.18
35	1.12	1.10	1.07	1.05	1.04	1.02	1.01	1.01	1.01	1.02	1.03	1.04	1.05	1.07	1.09	1.12	1.15
40	1.10	1.07	1.04	1.02	1.00	1.00	1.00	0.98	0.98	1.00	1.00	1.00	1.02	1.04	1.06	1.07	1.13
45	1.07	1.05	1.03	1.01	1.00	0.98	0.98	0.97	0.97	0.97	0.98	0.98	1.00	1.02	1.04	1.06	1.10
50	1.07	1.04	1.01	0.99	0.98	0.96	0.96	0.95	0.95	0.96	0.97	0.98	0.99	1.01	1.03	1.06	1.10
55	1.07	1.04	1.00	0.99	0.97	0.96	0.96	0.95	0.95	0.95	0.96	0.97	1.00	1.03	1.06	1.11
60	1.08	1.04	1.01	0.99	0.97	0.97	096	0.96	0.97	0.98	0.99	1.01	1.05	1.08	1.13
65	1.11	1.07	1.04	1.01	0.98	0.98	0.99	097	0.98	0.98	0.99	1.00	1.02	1.03	1.07	1.11	1.15
70	1.12	1.07	1.04	1.001	1.01	0.99	0.99	0.98	0.98	0.99	1.00	1.01	1.02	1.05	1.07	1.11	1.16

注：本书以正南向倾角为40°进行分析。

部分典型地区计算结果如图 4-27、图 4-28 所示。

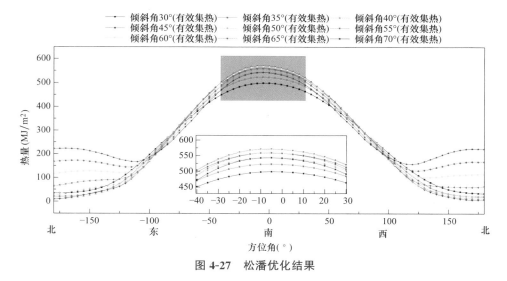

图 4-27　松潘优化结果

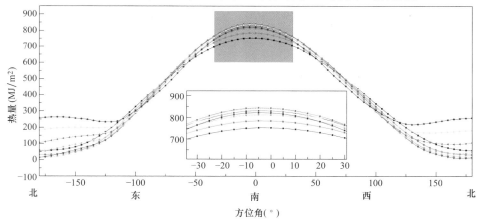

图 4-28　马尔康优化结果

（2）各月最佳安装倾角及其调整

为了更好地发挥集热器的功效，工程中也可以对集热器安装倾角进行逐月调节，为此本书也通过优化计算，分别给出了供暖季节拉萨不同月份的最佳安装倾角以及每个月相对于上个月的调节角度，如图 4-29 所示。从图 4-29 中可以看出，整个供暖季节集热器最佳安装倾角在 37°~58° 变化，波动范围约为 20°。其中，在较为寒冷的月份集热器的最佳安装角明显大于相对温暖的月份。

4.3.4　集热器安装间距设计

集热器之间的距离应大于日照间距，避免相互遮挡，集热器前后排之间的最小距离 D 计算方法为（见图 4-30）：

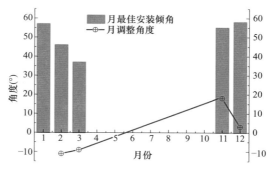

图 4-29　拉萨供暖季节不同月份的最佳安装倾角

$$D = H \times \cot\alpha_s \times \cos\gamma_0 \qquad (4-18)$$

式中　D——集热器与遮光物或集热器前后排的最小距离，m；

　　　H——遮光物最高点与集热器最低点的垂直距离，m；

　　　α_s——计算时刻的太阳高度角，°。

　　由于实际工程楼层数较多，若集热器完全按照相互不遮挡布置，则所需屋面面积很大，实际工程难以满足（间距增大，单位楼面面积获得的集热量明显减小）；若间距 D 过小，遮阴效应明显（安装间距为 0 时，总有效集热量下降 25%），集热器利用效率偏低，故应根据具体工程进行分析（见图 4-31）。计算案例：前后两排集热器；尺寸为：2m× 1m；模拟地点：理塘；安装方位角：0°，倾角：55°。

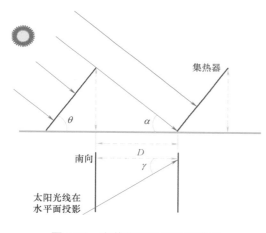

图 4-30　安装间距优化计算模型

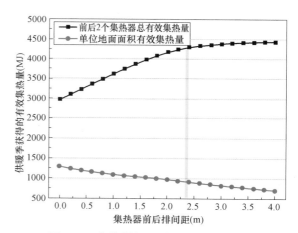

图 4-31　集热器间距对有效集热的影响

未遮挡部分逐时长度：

$$l(h) = a - \frac{\sin\alpha(h) \cdot \left(\dfrac{a \cdot \sin\theta}{\tan\alpha} - D\right)}{\sin[180 - \theta - \alpha(h)]} \qquad (4-19)$$

4.3.5　集热面积确定方法

　　太阳能集热系统设计时，其太阳能集热器的采光面积宜按全年动态负荷模拟，根据系统动态热平衡，经技术经济分析计算确定。集热面积的计算与确定主要有以下四种方法：

1. 集热布置面积受限的情况

在屋顶可布置的集热面积受限的情况下，集热面积的确定较为简单，根据集热器的安装倾角和安装间距，在充分考虑设备布置合理的情况下，直接确定集热器面积。

2. 基于费用年值法计算确定

太阳能供暖集热面积的计算常采用的是基于经济性的集热面积优化方法。费用年值法是常用的经济评价方法，其对参与比较的各个方案的初投资和运行维护费这两项性质不同的费用，利用基于投资效果系数的折算比率，将初投资折算成在使用期内的年折算费用，二者相加求得"年计算费用"，取年计算费用中最小的技术方案作为最佳方案。其经济模型如下式：

$$Z(A_{r,w}) = \theta_g K(A_{r,w}) + P(A_{r,w}) = \frac{i(1+i)^n}{(1+i)^n - 1} K(A_{r,w}) + P(A_{r,w}) \tag{4-20}$$

式中　$Z(A_{r,w})$——对应集热器占地面积 $A_{r,w}$ 时的年计算费用，元/a；

$K(A_{r,w})$——对应集热器占地面积 $A_{r,w}$ 时的初投资，元；

i——利率或内部收益率，%，取 8.0%；

n——生产期，这里取集热器的寿命，a，15a；

$P(A_{r,w})$——集热器占地面积 $A_{r,w}$ 时的运行费用；

θ_g——资金回收系数。

以一个典型的 3 层建筑为例，辅助热源为空气源源热泵，设定集热器面积变化的步长为 $50\mathrm{m}^2$，利用图 4-22 的计算流程和式（4-20）的经济评价模型，可分别计算得到红原县和理塘县的集热器面积的优化计算结果，如图 4-32 和图 4-33 所示。从图中可以看出，随着集热面积的增加，系统能耗逐渐下降，年度计算费用开始呈现下降趋势，但是随着集热面积的增加，年度计算费用开始增加，集热面积存在最佳值，使得年度计算费用最小，其即为最佳的集热设计面积，比如该项目中对于红原，最佳的集热面积为 $300\mathrm{m}^2$，对于理塘，最佳的集热面积为 $350\mathrm{m}^2$。

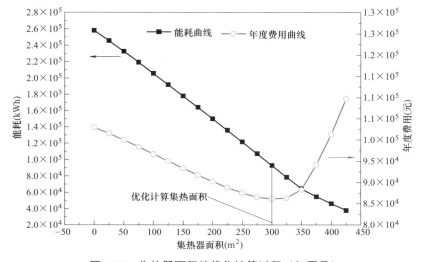

图 4-32　集热器面积的优化计算过程（红原县）

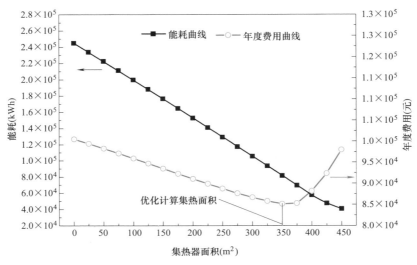

图 4-33 集热器间距对有效集热的影响（理塘县）

3. 通过太阳能贡献率确定集热面积

太阳能的贡献率过低，将不能充分体现太阳能供暖的节能性，尤其对于采用电加热作为辅助热源的主动式太阳能供暖系统。因为相比直接电热供暖，各类电动热泵作为热源可以节约 50% 以上的电耗，因此建议采用电加热作为辅助热源的主动式太阳能供暖系统全年贡献率不宜低于 65%。

增大集热面积可以提高太阳能的贡献率，进而可以大大降低运行费用，尤其对于一些看重后期运行费用的项目，这一点非常重要。但是当太阳能集热面积增加到一定程度时，太阳能的贡献率增加变得极为缓慢，因此再进一步加大集热面积，其投入产出比将变得很低，实际应用意义不大。图 4-34 为某项目集热器面积的变化对太阳能供暖系统贡献率的影响，从图中可以看出，当集热面积增加到 35000m² 后，随着集热器面积增加，太阳能贡献率的增加较为缓慢，从综合效益考虑，应将集热面积增加的拐点作为集热设计面积。

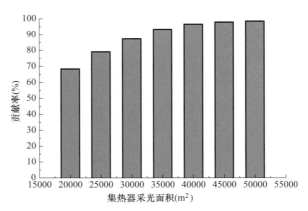

图 4-34 集热面积与太阳能贡献率变化关系

4. 部分地区简化计算方法

当辅助热源采用空气源热泵时，本书给出了下列简化计算方法，其可作为可行性研究阶段集热面积计算的依据。由于时间、精力所限，本书仅给出部分地区的计算结果，其他地区可参照该方法给出相应的计算参数。

（1）直接系统

直接系统太阳能集热器采光面积按下式计算：

$$A_C = \frac{k_1 \cdot k_2 \cdot Q}{J_T \eta_{cd}(1 - \eta_L)} \qquad (4\text{-}21)$$

式中　A_C——直接系统太阳能集热器采光面积，m^2；

　　Q——供暖计算负荷，W；

　　J_T——集热器朝向正南，安装倾斜角度为 $40°$ 时，供暖期平均有效太阳辐射照度，W/m^2，详见表 4-2；

　　η_{cd}——基于采光面积的集热器平均集热效率，详见本书附录 C；%；

　　η_L——管路、储热水箱热损失率；

　　k_1——负荷修正因子，详见表 4-3；

　　k_2——集热器安装方位角与安装倾角修正系数。

供暖期平均有效太阳辐射照度　　　　　　　　　　表 4-2

地点	红原	理塘	马尔康
供暖期平均有效太阳辐射照度 J_T（W/m^2）	850	720	600

负荷修正因子　　　　　　　　　　表 4-3

地点	红原	理塘	马尔康
全天供暖	0.70	0.70	0.50
白天供暖	0.30	0.25	0.10

（2）间接系统

间接系统太阳能集热器采光面积按下式计算：

$$A_{IN} = A_C \cdot (1 + \alpha) \cdot (1 + \beta) \qquad (4\text{-}22)$$

式中：A_{IN}——间接系统太阳能集热器采光面积，m^2；

　　A_C——直接系统太阳能集热器采光面积，m^2；

　　α——储热水箱到热交换器的管路热损失率，一般可取 $0.02 \sim 0.05$；

　　β——考虑换热温差造成的集热损失，如表 4-4 所示；

换热温差造成的集热损失修正　　　　　　　　　　表 4-4

地点	红原	理塘	马尔康
修正因子 β	0.023	0.029	0.037

间接系统热交换器换热量按下式计算

$$Q_{hx} = \frac{A_C \cdot q}{1000} \qquad (4\text{-}23)$$

式中：Q_{hx}——间接系统热交换器换热量，kW；

　　q——单位面积集热器换热量，W/m^2，如表 4-5 所示。

单位面积集热器换热量			表 4-5
地点	红原	理塘	马尔康
单位面积集热器换热量（W/m²）	750	600	500

5. 集热面积计算修正

（1）积灰修正

由于灰尘属于非透明固体，由光的传播定律可知，入射到积尘集热器表面的太阳光线会发生反射、吸收和穿透现象。其中太阳光线一部分照射到积尘表面，另一部分则入射到玻璃盖板表面。由于积尘表面凹凸不平，入射光线会发生漫反射现象；而集热器玻璃盖板表面较光滑，故入射光线会发生镜面反射，如图 4-35 所示。

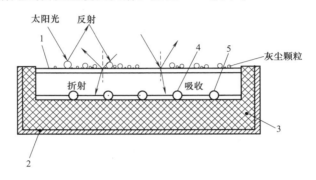

图 4-35　积尘集热器表面光线传播原理图
1—透明玻璃盖板；2—壳体；3—保温层；4—排管；5—吸热板

Dietz 的研究表明，在倾斜角在 0～50°下，灰尘的影响可能高达 5%。Hottel 和 Woertz 的长期实验发现，由于集热器的不清洁，集热器性能下降约 1%。达菲和贝克曼建议，如果没有广泛的试验，建议用一个因子（1−d）来修正吸收的辐射，d 一般取 0.02，用以考虑灰尘的影响。本书建议取 2% 对集热器性能进行修正。

西安建筑科技大学的李安桂教授团队研究了不同积尘形态下集热器对比试验及其对换热效率的影响[7]，分析了松散和粘结两种积尘状态下不同积尘量对系统集热性能的影响，分别给出了松散状态积尘和粘结状态积尘时积尘量与集热性能下降率之间关系的表达式。

松散状态积尘时，以五种工况为基础得到积尘量与集热性能下降率之间关系可表示为：

$$\xi = 31.8507 \times [1 - \exp(-0.07158\omega_S)] \tag{4-24}$$

粘结状态积尘时，得到积尘量与集热性能下降率之间关系可表示为：

$$\xi = 27.6751 \times [1 - \exp(-0.1191\omega_S)] \tag{4-25}$$

（2）集热器热容修正

Klein 等人对环境温度为 0℃时计算了集热器热容对集热量的影响，其认为上午 10:00 开始运行前，集热器内流体不循环，流体温度低，集热效率高，获得的集热量可将集热器连同内部流体加热到工作温度，故可以忽略损失。但由于我国部分供暖地区室外气温远低于0℃，热容造成的集热影响较大，往往需考虑其影响。本书以理塘为例（该地区环境温度通常在−10℃以下），进行了分析计算，计算结果如图4-36所示。结果表明，整个供暖季由此造成的损失超过3%，应在设计中对集热量加以修正。

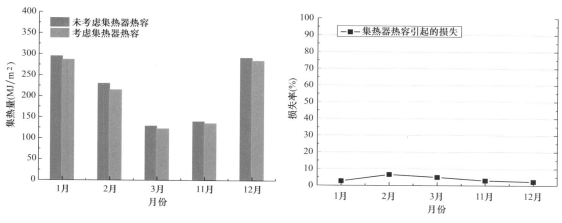

图4-36　集热器热容影响修正

4.4　槽式跟踪太阳能集热系统设计

目前，聚光式太阳能集热最常采用的是水平轴跟踪槽式太阳能集热系统。槽式集热系统的设计流程与固定安装集热系统的设计思路和流程大体相同，如图4-37所示。其主要区别是跟踪方式的选择和集热量的计算。因此，本节主要介绍槽式集热系统跟踪方式和动态集热量的计算方法。

4.4.1　太阳跟踪计算模型

1. 太阳跟踪的物理模型

为提高对太阳能的利用率，槽式跟踪集热器在应用中需要在方位角和高度角两个方位上不断跟踪太阳。常用的单轴跟踪方式包括：焦线南北水平布置，东西跟踪；焦线东西水平布置，南北跟踪，如图4-38所示，其工作原理基本相似。

以图4-38（a）为例，跟踪系统的转轴（或焦线）系东西方向布置，根据太阳赤纬角的变化使柱形抛物面反射镜绕转轴作俯仰转动，以跟踪太阳。采用这种跟踪方式时，一天之中只有正午时刻太阳光与柱形抛物面的母线相垂直，此时热流最大。而在早上或下午太阳光线都是斜射，所以一天之中热流的变化比较大。采用单轴跟踪方式的特点是结构简单。

2. 太阳跟踪的控制方式

太阳能自动跟踪装置是用来跟踪太阳，使集热器的主光轴始终与太阳光线相平行的装置，在使用中需要在方位角和高度角两个方位上不断跟踪太阳。自动跟踪装置由传感器、方位角跟踪机构、高度角跟踪机构和自动控制装置组成。

当太阳光线发生倾斜时，传感器输出倾斜信号，该信号经放大后送入控制单元，控制单元开始工作，指示执行器动作，调整太阳能集热器，直到太阳能集热器对准太阳。

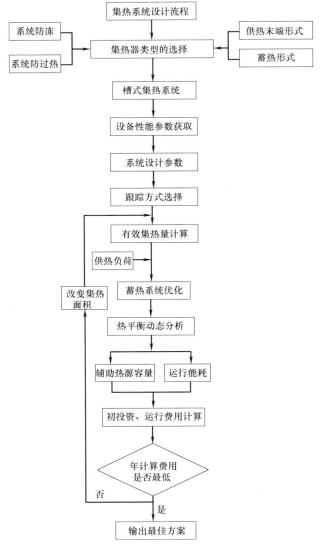

图 4-37　集热系统的设计流程

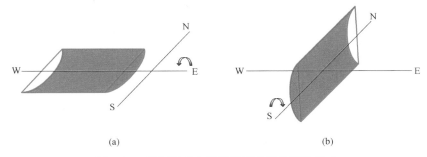

(a)　　　　　　　　　　　　　　　　(b)

图 4-38　常用槽式水平轴聚光系统的跟踪方式
（a）东西水平轴；（b）南北水平轴

3. 太阳跟踪的数学模型

（1）太阳跟踪角与入射角

太阳光线以入射角投射到集热器开口面上（见图4-39），于是可得：

$$\cos\theta = \sin S \cdot \cos\alpha_s \cdot \cos(r_s - r_n) + \cos S \cdot \sin\alpha_s \tag{4-26}$$

式中　S——槽形开口面与水平面之间的夹角，°；

α_s——太阳高度角，°。

为了使得入射角 θ 最小，对 S 求导，并令其为0，可得：

$$\frac{\mathrm{d}(\cos\theta)}{\mathrm{d}(S)} = \cos\alpha_s \cdot \cos S \cdot \cos(r_s - r_n) - \sin S \cdot \sin\alpha_s = 0 \tag{4-27}$$

即

$$\tan S = \cot\alpha_s \cdot \cos(r_s - r_n) \tag{4-28}$$

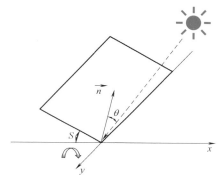

图4-39　太阳光投射到集热器开口面示意图

1）东西水平轴跟踪

集热器绕东西水平轴旋转，槽形开口面向南，集热器方位角为0°，由式（4-28）可得集热器的跟踪角和入射角满足下列三角函数关系式：

集热器的跟踪角：
$$\tan S = \frac{\sin\alpha_s \cdot \sin\Phi - \sin\delta}{\sin\alpha_s \cdot \cos\Phi} \tag{4-29}$$

太阳光线入射角：
$$\cos\theta = (1 - \cos^2\delta \cdot \sin^2\omega)^{1/2} \tag{4-30}$$

式中　S——槽形开口面与水平面之间的夹角，°；

α_s——太阳高度角，°；

Φ——地理纬度；

δ——太阳赤纬角；

ω——时角，每小时对应的时角为15°，从正午算起，上午为负，下午为正，数值
　　　等于离正午的时间（h）乘以15°；

θ——入射角（太阳入射光线与接收表面法线之间的夹角），°。

2）南北水平轴跟踪

集热器绕南北水平轴旋转，集热器方位角上午为−90°，下午为+90°，由式（4-28）可得集热器的跟踪角和入射角满足下列三角函数关系式：

集热器的跟踪角：
$$\tan S = \frac{\cos\delta \cdot \sin\omega}{\sin\Phi \cdot \sin\delta + \cos\Phi \cdot \cos\delta \cdot \cos\omega} \tag{4-31}$$

太阳光线入射角：
$$\cos\theta = (\sin^2\alpha_s + \cos^2\delta \cdot \sin^2\omega)^{1/2} \tag{4-32}$$

（2）槽形开口面太阳辐射

由于聚光集热器只能利用槽形开口面接收到的直射太阳辐射，故槽形开口面太阳辐射强度只需计算直射辐射部分。槽形开口面上的太阳直射辐射照度为：

$$I_{D \cdot \theta} = I_{DH} \cdot \frac{\cos\theta}{\sin\alpha_s} \tag{4-33}$$

式中　I_{DH}——水平面上的直射辐射照度，W/m^2。

4.4.2　槽式集热器性能参数与效率方程

以某品牌槽式集热器为例，分别测试了 5 种不同太阳辐射强度下集热器效率与介质（导热油）温度间的变化关系，如图 4-40 所示。数据表明，在同一辐照度下，随集热温度的不断升高，集热器效率逐步下降；当集热温度低于 100℃时，不同辐照度下集热器效率差异极小，当集热温度超过 100℃时，集热器接收的辐照度越低，集热效率越低且随介质温度升高集热效率下降速率越快。

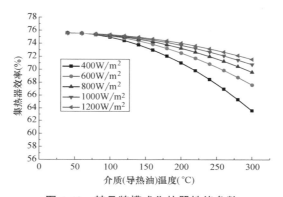

图 4-40　某品牌槽式集热器性能参数

集热效率是槽式太阳能聚光集热器性能的一个重要指标。为进一步研究集热量计算方法，通过对测试数据进行多元线性回归，得到如下形式的瞬时效率方程：

$$\eta = 0.755 \cdot K_\theta + 0.037462 \cdot \left(\frac{\Delta T}{I_{D \cdot \theta}}\right) - 6.9526 \times 10^{-4} \cdot \left(\frac{\Delta T^2}{I_{D \cdot \theta}}\right) \tag{4-34}$$

式中　η——槽式集热器的集热效率；

　　　ΔT——室外空气与集热介质的温差，℃；

　　　$I_{D \cdot \theta}$——槽式集热器开口面太阳直射辐射强度，W/m^2；

　　　K_θ——入射角修正系数。

可以看出，对集热效率的影响因素主要包括：太阳直射辐照强度、太阳入射角、导热油与环境温差。

4.4.3　动态集热量计算方法

1. 计算模型

通过式（4-34）建立的集热效率方程，供暖季节有效集热量的数学描述为[8]：

$$Q_{u} = \sum_{h=0}^{h=H} \frac{3600\eta(h) \cdot A \cdot I_{D.\theta}(h)}{1000} \qquad (4\text{-}35)$$

式中 Q_{u}——供暖季节的有效集热量，kJ；

　　　　A——集热器采光面积，m^2；

$I_{D.\theta}(h)$——第 h 时刻槽式集热器开口面太阳直射辐射强度，W/m^2；

　　　　H——供暖季节的终了时刻；

　　$\eta(h)$——第 h 时刻集热器瞬时效率，%。

本模型适用于不同跟踪方式下槽式水平轴集热器的动态集热量计算。

2. 计算流程

针对确定的地理区位，导入典型气象年（TMY）数据库，建立槽式水平轴跟踪太阳能集热量计算流程，如图 4-41 所示。

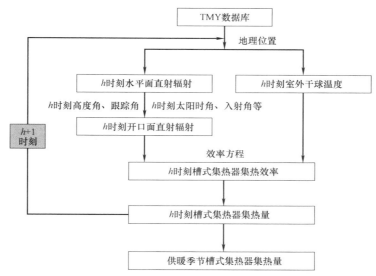

图 4-41 槽式水平轴跟踪太阳能集热量计算流程

4.4.4 典型地区计算结果分析

以拉萨为例，采用本书中的数学模型与计算流程，研究槽式水平追踪集热器集热量计算与其在该地区的性能。

拉萨具有太阳辐射强烈、冬季干燥寒冷、日较差大、供暖时间长等特征，其他气象参数如图 4-42 所示，年平均气温 8.1℃，供暖设计室外温度为 -7.5℃，最冷月平均温度为 -1.6℃，最热月平均温度为 16.4℃，全年太阳辐照量高达 7331.2MJ/m^2。该地区全年供暖时间段约为 11 月 1 日~次年 3 月 31 日。

1. 集热器跟踪角

集热器追踪角与焦线布置方式相关，图 4-43 表述了拉萨集热器采用东西、南北水平轴跟踪时角度的逐时变化情况。白天全天范围内，东西水平轴追踪集热器与水平面夹角范围为 45°~75°；南北水平轴追踪集热器与水平面夹角范围为 15°~85°；正午时刻夹角最小。

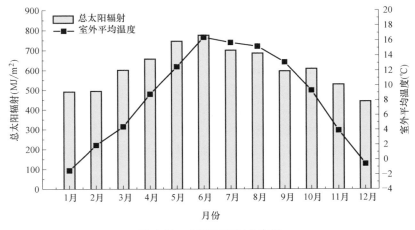

图 4-42　拉萨主要气象参数

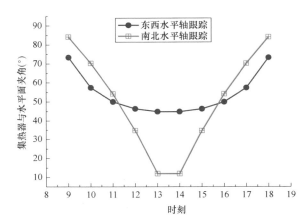

图 4-43　集热器与水平面夹角的逐时变化

2. 开口面接收的辐射量

两种追踪方式在典型日开口面接收到的辐照量变化如图 4-44 所示。东西水平轴追踪

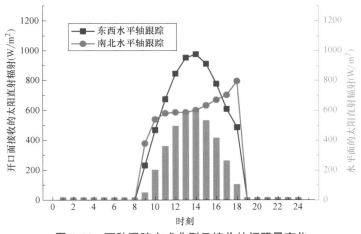

图 4-44　两种跟踪方式典型日接收的辐照量变化

开口面全天辐照量与太阳直射辐射全天变化规律一致，曲线呈抛物状，中午 13:00～14:00 最大，最高辐照强度达 1000W/m²；南北水平轴追踪开口面辐照量全天逐步增大，8:00～11:00 快速增长到 600W/m² 后基本趋于稳定状态，15:00～16:00 缓慢增长到 800W/m² 后达到最大。由图 4-44 可知，典型日条件下东西水平轴追踪开口面接收到的辐照量大于南北水平轴追踪方式，二者最高差异可达 66%，日平均差异约 10%。

基于典型日条件下的辐照量变化，将计算区间放大至全年，以供暖季与非供暖季分别计算两种方式的开口面接收的辐射量，计算结果如图 4-45 所示。

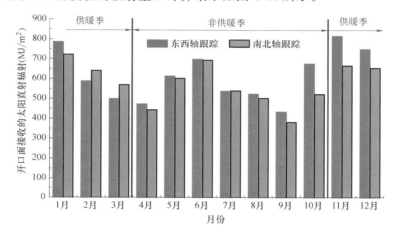

图 4-45　两种跟踪方式全年接收的辐照量变化

结果表明，全年工况下，东西轴追踪方式开口面辐射量为 7399.44MJ，南北轴追踪方式开口面辐射量为 6934.68MJ；供暖季东西轴追踪方式开口面辐射量为 3441.96MJ，南北轴追踪方式开口面辐射量为 3249.72MJ。东西轴追踪方式集热量较南北轴追踪方式多 5.9%。

3. 集热器效率参数

以集热介质（导热油）温度 190～200℃ 为基准，在典型日工况条件下，分析两种追踪方式下集热器效率，如图 4-46 所示。

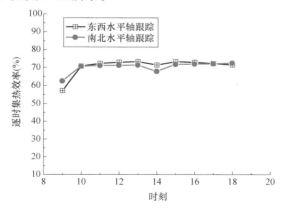

图 4-46　两种跟踪方式典型日集热效率变化

计算结果表明，全年周期条件下东西轴追踪方式集热器效率约为 65.0%，南北轴约为 64.2%；其中供暖季东西轴追踪效率约为 65.4%，南北轴约为 64.7%。两种追踪方式下集热器效率变化很小。

4. 集热量随时间的变化

基于槽式集热器开口面逐月辐照度与典型日集热器效率参数，计算两种追踪方式全年集热量，计算结果如图 4-47 所示。

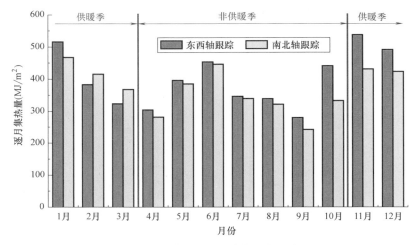

图 4-47　两种跟踪方式全年集热量变化

结果表明，东西轴追踪方式全年集热量约 4809.6MJ，供暖季集热量约 2251MJ；南北轴追踪方式全年集热量约 4452.06MJ，供暖季集热量约 2102.56MJ；东西轴追踪方式集热量较南北轴方式提高了 7%。

4.4.5　风力对跟踪集热系统的影响

对于风力较大的地区，需对集热器及其安装支架和安装基础进行抗风设计，避免风载荷造成集热器变形或安装基础损坏，集热器变形容易导致集热器聚焦偏离。因此，合理的抗风设计很关键。实际工程中也可采用抗风墙的技术措施，消除风力对集热系统的影响。

4.4.6　温度变化对系统阻力的影响

由于采用的导热油的动力黏度系数随温度的降低变化极大，比如早晨时段，导热油温度较低，其动力黏度系数很大，由此造成系统阻力明显增加，因此在系统水力计算中应考虑低温工况系统的阻力变化。导热油温度的变化对系统阻力的影响机理如图 4-48 所示。温度的变化首先影响流体的密度和黏度，进而影响到 Re［可按式（4-36）计算］；从而影响到流体的流态和摩擦阻力系数［可按式（4-37）~式（4-40）计算］；最后影响到管道的摩擦阻力［可按式（4-41）计算］。

Re 可采用下式计算：

$$Re = \frac{\rho v d}{\mu} \tag{4-36}$$

式中　v——流体流速，m/s；

ρ——管道内流体的密度，kg/m^3；

d——管道直径，m；

μ——液体黏度，Pa·s。

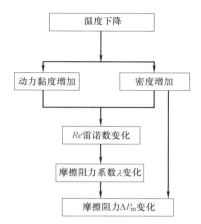

图 4-48　导热油温度变化对管路阻力的影响

在层流区（$Re<2000$）内，摩擦阻力系数 λ 仅与雷诺数 Re 有关，可用下式计算：

$$\lambda = \frac{64}{Re} \tag{4-37}$$

当 $2000 \leqslant Re < 4000$ 时，称为临界区或者过渡临界区，摩擦阻力系数 λ 可用下式计算：

$$\lambda = 0.0025\sqrt[3]{Re} \tag{4-38}$$

紊流区 λ 值可以统一用柯列勃洛克公式计算：

$$\frac{1}{\sqrt{\lambda}} = -2\lg\left(\frac{K}{3.7D} + \frac{2.51}{Re\sqrt{\lambda}}\right) \tag{4-39}$$

式中　K——管道内壁粗糙度，mm；

　　　D——管道直径，mm。

在 $Re<10^5$ 范围内，也可采用经验公式——布拉休斯公式计算：

$$\lambda = \frac{0.3164}{Re^{0.25}} \tag{4-40}$$

对于圆形管道，摩擦阻力计算公式可改写为：

$$\Delta P_m = \frac{\lambda}{D} \cdot \frac{\rho v^2}{2} \cdot l \tag{4-41}$$

式中　l——管道长度，m。

4.4.7　中高温集热系统的管路保温

对于采用聚光集热系统的项目，太阳能导热介质设计运行温度为 150～200℃，与环境温度的温差为 170～220℃，采用传统保温材料如超细玻璃棉、硅酸盐保温材料、聚氨酯发泡（外层保温）等热损失较大（不同管道保温材料的性能对比如表 4-6 所示），且保温厚度大，管道臃肿，不便于施工。设计可采用新型保温材料，如气凝胶隔热毡，其具有传热系数低、耐高温、易施工等特点。

不同管道保温材料的性能对比

表 4-6

性能	超细玻璃棉	硅酸铝棉保温及其制品	硅酸钙制品	聚氨酯发泡保温	橡塑保温	气凝胶保温毡
导热系数 [W/(m·K)]	0.03～0.04	0.056	0.06	0.025	0.032	0.02
密度(kg/m³)	24～96	80～140	220	40～60	65～85	200±20
耐温	≤400℃	≤1200℃	≤650℃	≤100℃	≤80℃	≤480℃
防火等级	A	A	A	B	B	A
评价	便宜、效果一般	便宜、效果差	便宜、效果差	便宜、效果好、不耐高温	较贵、效果一般、不耐高温	较贵、效果好

4.5 集热系统的防冻与防过热设计

4.5.1 集热系统防冻设计

以水为介质的太阳能集热器在冬季温度可能低于 0℃ 的地区使用时需要考虑防冻问题。对间接式系统而言，一般可采取如图 4-49 所示的排回（Drainback）系统或采取如图 4-50 所示的在太阳集热系统中充注防冻液的防冻液系统[9]。

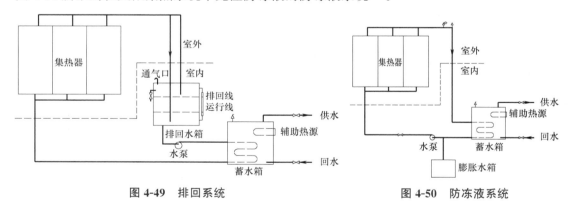

<table>
<tr><td align="center">图 4-49　排回系统</td><td align="center">图 4-50　防冻液系统</td></tr>
</table>

防冻液中常用的防冻剂溶液包括氯化钙、乙醇（酒精）、乙二醇、甲醇、醋酸钾、碳酸钾、丙二醇和氯化钠等。防冻液的组成成分对其冰点有关键性影响，运行温度及补水量的多少均会影响防冻液的性能。防冻液应定期检测冰点，根据结果及时更换。

4.5.2 集热系统防过热设计

当长期没有负荷需求或末端需求小于系统集热量时，太阳能集热系统会产生过热现象。对间接系统而言，当蓄热水箱中热媒超过规定温度时，循环泵会停止运行，此时集热器内的介质会在闷晒状态下持续升温，这要求集热系统的各部件应具备耐高温的能力，集热系统的膨胀罐应能满足部分工质气化后的膨胀量，同时应设置安全阀等泄压装置在必要时启用。

1. 加装 T/P 阀的防过热

T/P 阀是一个安全装置，它通过排水、降水、降温、减压来保护热水系统。当水箱内热水的温度因加热膨胀产生的压力达到设定值时，T/P 阀自动开启泄水，使压力或温度恢复到设定值以下然后自动关闭。这种方案通常用于储水式的生活热水水箱上，在解决系统过热问题的同时排掉了大量热水，造成了水资源与热量的双重浪费，且 T/P 阀对于断电导致的集热系统其他部分的过热问题作用不大。

2. 用遮阴网盖住集热器

通过太阳能集热器系统的温度监测，在设定温度下将太阳能集热器遮盖，隔绝太阳辐射来解决过热问题的技术。在非供暖季，可通过全部或部分遮挡集热器，减少集热器得热，其防过热效果好。

3. 防过热干冷器

通过太阳能集热器系统的温度监测，在设定温度下启动防过热板式换热系统，将热量通过干式冷却器散出。

4. 防过热冷却塔

通过太阳能集热器系统的温度监测，在设定温度下启动防过热板式换热系统，将热量通过冷却塔散出（见图 4-51）。

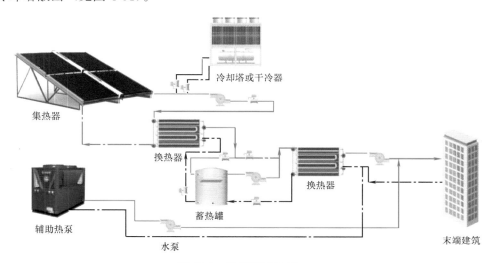

图 4-51　冷却塔防过热

本章参考文献

[1]　郑瑞澄，路宾. 太阳能供热采暖工程应用技术手册［M］. 北京：中国建筑工业出版社，2012.

[2]　司鹏飞，戎向阳，石利军，杨正武. 太阳能供暖的有效集热量与有效太阳辐照度，暖通空调，2019，50（2）：22-28.

[3]　Yuexiang LV，Pengfei Si，Xiangyang Rong. Determination of optimum tilt angle and orientation for solar collectors based on effective solar heat collection［J］. Applied Energy，2018，219（JUN）：11-19.

［4］ 冯雅，戎向阳，司鹏飞. 基于有效集热量的太阳能供暖系统集热器安装优化方法［P］. 201510818989.1，2018-7-6 至 2038-7-6，中国.

［5］ 中国建筑西南设计研究院有限公司. 基于有效集热量的太阳能供暖系统集热器安装优化计算程序软件［P］. 2015SR276964，2015-11-05.

［6］ 司鹏飞，戎向阳. 一种基于有效集热量的太阳能供暖集热系统优化运行方法［P］. 201610242976.9，2019-8-30 至 2039-8-30，中国.

［7］ 李安桂，张婉卿，史丙金等. 不同积尘形态下平板集热器换热性能试验研究［J］. 西安建筑科技大学学报（自然科学版）. 2018，05：722-729.

［8］ 刘少锋，杨正武，司鹏飞等. 水平轴跟踪槽式太阳能集热器动态集热量计算与分析［J］. 制冷与空调，2020，34（2）：197-201.

［9］ ASHRAE. ASHRAE HANDBOOK HVAC APPLICATIONS SI Edition［M］. Atlanta：ASHRAE，2015.

第5章　太阳能热水供暖的蓄热系统设计

由于太阳能的间断性、不稳定性和低密度特征，导致太阳能热利用的供与需在时间和强度上存在不匹配问题，因此太阳能供暖系统常需要设置蓄热装置。蓄热系统设计的好坏，将直接影响到太阳能供暖工程的成败。

5.1　蓄热系统的分类与特点

太阳能热利用系统常用的蓄热方式包括显热蓄热、相变蓄热（PCM）和热化学反应蓄热（TCM）。其中显热蓄热包括液体显热蓄热和固体显热蓄热。三种蓄热方法如图 5-1 所示，蓄热密度和温度范围如图 5-2 所示[1]。

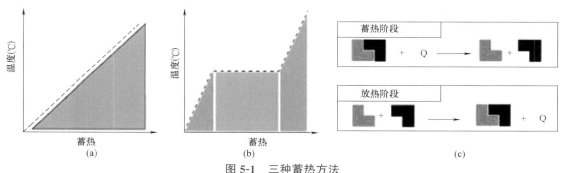

图 5-1　三种蓄热方法

（a）显热蓄热；（b）相变蓄热；（c）热化学反应蓄热

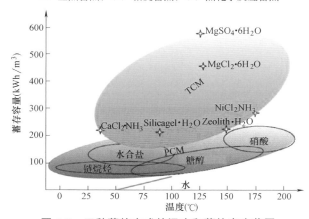

图 5-2　三种蓄热方式的温度和蓄热密度范围

5.1.1 显热蓄热与相变蓄热

1. 显热蓄热

蓄热体通常需具备如下性质：①蓄热密度大；②蓄热材料连同存储容器价格低；③化学性质长期稳定；④对设备无腐蚀性，对人员无毒性；⑤容易吸热和放热。显热蓄热是最常采用的蓄热方式，部分显热蓄热材料性能参数如表5-1所示。

固/液体显热蓄热材料性能参数 表5-1

蓄热介质	类型	推荐温度(℃)	密度(kg/m³)	热容[J/(kg·K)]
岩石	固体	20	2560	879
砖块	固体	20	1600	840
混凝土	固体	20	1900~2300	880
水	液体	0~100	1000	4190
导热油	液体	≤160	888	1880
乙醇	有机液体	≤78	790	2400
丙烷	有机液体	≤97	800	2500
丁烷	有机液体	≤118	809	2400
异丁醇	有机液体	≤100	808	3000
异戊醇	有机液体	≤148	831	2200
辛烷	有机液体	≤126	704	2400

由于水蓄热技术成熟、成本低、寿命长，因此太阳能热水供暖领域最常用的显热蓄热是水蓄热。

2. 相变蓄热

相变蓄热材料具有蓄热密度高、蓄热体积小等特点，但是其成本高、寿命短，不适宜大型蓄热，常用相变材料特性如表5-2所示。相变材料在放热过程中，从液态冷却到相变材料的凝固点下容易出现结晶现象（水合盐类无机相变材料都具有此类现象），导致相变材料的稳定性差，从而影响了其实际应用效果。目前解决的办法有两种：一是在结晶水合盐相变材料中加入与其结晶类型相似的物质作为成核剂；二是让结晶水合盐保留一部分固态作为成核剂。相变蓄热常做成一体化的集成装置（见图5-3），某型号相变蓄热装置性能参数如表5-3所示。

常用相变材料特性 表5-2

相变材料	熔点(℃)	熔化潜热(kJ/kg)	固态相对密度(kg/m³)	比热[kJ/(kg·℃)] 固态	液态
6水氯化钙	29.4	170	1630	1340	2310
12水磷酸二钠	36	280	1520	1690	1940
N-(碳)烷	36.7	247	856	2210	2010
粗石蜡	47	209.2	785	2890	—
聚乙烯乙二醇	20~25	146	1100	2260	

续表

相变材料	熔点（℃）	熔化潜热（kJ/kg）	固态相对密度（kg/m³）	比热 [kJ/(kg·℃)]	
				固态	液态
10 水硫酸钠	32.4	253	1460	1920	3260
5 水硫代硫酸钠	49	200	1690	1450	2389
硬脂酸	69.4	199	847	1670	2300
硫酸铝钾	93	242	1.64	3.7	—
赤藓糖醇	118	340	1.48	1.38	—

图 5-3　相变蓄热装置

典型相变蓄热装置性能参数　　　　　　　　　　表 5-3

相变材料	三水合醋酸钠
外尺寸(mm)	6000×2400×2400
质量(t)	25
相变温度(℃)	60
推荐工作温度区间(℃)	40～80
额定储热量(kWh)	1800
实际放热量(kWh)	1600～1725
推荐工作流量(m³/h)	15～60
水力损失(m)	5～15
放热时间(h)	6～24
放热效率(%)	89～96
进出口设计温差(℃)	5～20
热损失率(%/24h)	2

注：实际放热量、放热效率、放热时间、进出口设计温差随工作流量的增加而降低；水力损失（估算值）随工作流量的增加而上升。

5.1.2　短期蓄热与跨季节蓄热

按照蓄热周期长短，可分为短期蓄热和跨季节蓄热。跨季节蓄热太阳能供暖系统的设备容量较大,需要较大的机房面积,初投资较高。因此,太阳能资源丰富地区和较丰富地区,冬季晴天多、阴天少,主动式太阳能供暖宜采用短期蓄热形式,不宜采用跨季节太阳能蓄热形式。

近年,部分太阳能供暖项目照搬丹麦等北欧高纬度地区(北纬50°)的太阳能跨季节蓄热太阳能供暖技术,但是北欧采用跨季节蓄热是因为该地区冬夏季太阳能差距特别大(见图5-4),冬季太阳能资源稀缺,所以采用跨季节蓄热非常合理。而青藏高原纬度较低(北纬30°左右),冬季太阳能资源也极其丰富(见图5-4),跨季节蓄热太阳能供暖系统的设备容量较大,需要较大的蓄热容积,初投资较高(虽然容量加大后,单方的相对造价会降低,但是绝对造价仍然增加,而且增加的蓄热容积利用效率极低,这部分增量容积每年仅利用一次),绝对热损失大(虽然比表面积小,相对热损失小,但是绝对表面积大,系统绝对散热量大,每天蓄热体的热损失占当天太阳能集热量的比例过大),供暖高峰期蓄热品位偏低,应用于青藏高原地区的综合效益较差。因此,在低纬度的太阳能丰富地区不建议采用跨季节储热的蓄热方式。

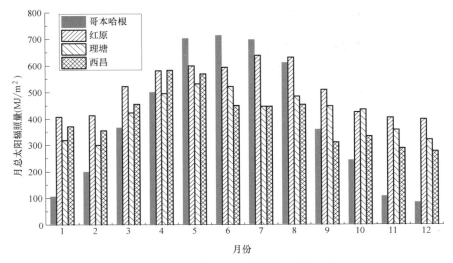

图5-4 不同纬度全年太阳能资源分布对比

5.2 水蓄热系统设计

水是一种优良的蓄热材料,主要体现在以下几个方面:

(1)蓄热能力强。蓄热工质的蓄热能力一般从比热容和密度两方面加以考虑。水的比热容非常大,常温下高达4.128kJ/(kg·K)。同时,水的密度也高于一般的流体,常温下高达998kg/m³。在储存相同热量时,把水作为蓄热工质需要的蓄热材料更少,设备的体积和投资也相应减小。

(2)传热性能好。水是工程中最为常用的换热介质,可以迅速将热量存储或者释放。另外,水既可以作为传热介质,又可作为蓄热介质。在蓄热过程中,可以将水直接储存,不需要再与其他蓄热介质进行传热。

(3)化学性能稳定。水的热稳定性非常好。其他蓄热材料在通过若干次蓄热和释热过程后，自身的化学成分会发生变化，而水不存在类似问题。此外，水还具有无毒、不燃烧、无污染等优点。

（4）经济性好。大规模蓄热技术需要蓄热材料充足、造价低廉。水的价格便宜，来源广泛，不需要特别的制备。这些优点特别适合大规模蓄热的需要。

5.2.1　常用水蓄热装置

太阳能供暖的水蓄热方式主要有钢罐蓄热和大型人工水池蓄热，如图 5-5 所示。钢结构蓄热罐制作方便，受地质基础的限制较少。但是，钢结构蓄热罐的罐体体积受限，另外钢结构蓄热罐的成本相对较高。大型人工蓄热水池，池底和池四周使用耐高温的塑料薄膜，池顶部利用耐高温防水膜防水，保温材料可以浮在水面的防水膜上面，巧妙地解决了保温问题。大型水体蓄热池，单位体积成本低，但容易受地质条件限制。需要说明的是，蓄热水池中的水温较高，会发生烫伤等安全隐患，因此不能同时用作灭火的消防用水。

图 5-5　钢罐蓄热和水池蓄热

常用的钢罐蓄热有如下方式：

1. 温度自然分层式

利用水温降低、密度增大的原理，达到冷温水自然分层的目的。在蓄热罐中下部冷水与上部温水之间由于温差导热会形成温度过渡层即斜温层；清晰而稳定的斜温层能够防止冷水和温水的混合，但同时减少了实际可用热水容量，降低了蓄热效率，如图 5-6 所示。

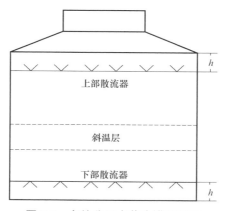

图 5-6　自然分层水蓄冷罐原理图

2. 隔膜式

在蓄水罐内部安装一个活动的柔性膈膜或一个可移动的刚性隔板，来实现冷热水的分离，隔膜或隔板通常为水平布置。这样的蓄水罐可以不用散流器，但隔膜或隔板的初投资和运行维护费用与散流器相比并不占优势。隔膜式水蓄热罐示意如图 5-7 所示。

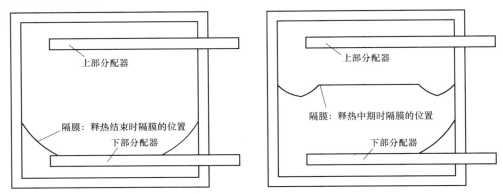

图 5-7　隔膜式水蓄热罐示意图

3. 迷宫式

采用隔板将蓄热水槽分隔成很多单元，水流按照设计的路线依次流过每个单元格。迷宫法能较好地防止冷热水混合，但水的流速过高会导致扰动及冷热水混合；流速过低会在单元格中形成死区，减小蓄热容量。迷宫式蓄热罐平面示意图如图 5-8 所示。

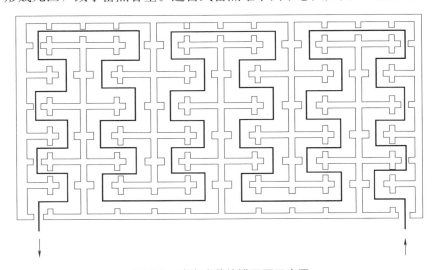

图 5-8　迷宫式蓄热罐平面示意图

4. 多槽式水

冷水和热水分别储存在不同的罐中，以保证送至负荷侧的热水温度维持不变。多个蓄水罐有不同的连接方式：一种是空罐方式，它保持蓄水罐系统中总有一个罐在蓄热或放热循环开始时是空的，随着蓄热或放热的进行，各罐依次倒空；另一种连接方式是将多个罐串联连接或将一个蓄水罐分隔成几个相互连通的分格，如图 5-9 所示。多罐系统在运行时，个别蓄水罐可以从系统中分离出来进行检修维护，但系统的管路和控制较复杂，初投资和运行维护费用较高。

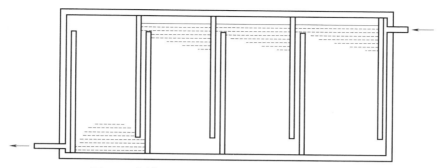

图 5-9　多罐串联式或一罐分隔式连接方式示意图

5.2.2　蓄热容积优化计算方法

蓄热容积过大会造成水箱温度明显低于设计供水温度，系统需长时间启动辅助热源进行供热，降低了系统的节能性，蓄热容积过小则会造成集热器回水温度偏高，降低集热器的集热量，同样会降低系统的节能性。可见，如何确定蓄热水箱的容积，成为太阳能热水供暖系统设计的重要环节。

针对现有技术存在的问题，研究团队提出了一种能够以辅助热源全年能耗最低为优化目标函数，获得太阳能热水供暖系统最优蓄热容积的确定方法（见图 5-10）[2]。主要以太阳能供暖系统能流平衡关系为约束条件，蓄热系统容积为优化决策变量，辅助热源全年能耗最低为优化目标函数，建立优化模型，最终确定太阳能热水供暖系统的最优蓄热容积。该优化计算方法可有效解决因不同地区、不同建筑类型、不同建筑参数以及系统不同贡献率的差异而导致的最佳蓄热容积匹配不佳的问题，从而起到良好的节能作用。

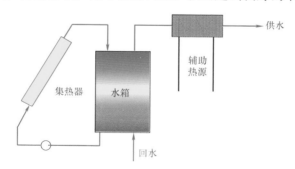

图 5-10　蓄热容积优化物理模型

1. 约束条件

（1）系统逐时热量平衡关系

第 h 时刻集热器直接供热量可表示为：

$$Q_{j \cdot g}(h) = \begin{cases} Q_j(h), & Q_f(h) > Q_j(h) \\ Q_f(h), & Q_f(h) \leqslant Q_j(h) \end{cases} \tag{5-1}$$

第 h 时刻水箱余热量的热平衡方程可表示为：

$$Q_y(h,V) = \begin{cases} Q_y(h-1,V) + \hat{Q}(h,V) - Q_{g\cdot q}(h), & Q_y(h-1,V) \geqslant Q_{g\cdot q}(h) \\ 0, & Q_y(h-1,V) < Q_{g\cdot q}(h) \end{cases} \tag{5-2}$$

第 h 时刻由太阳能集热直接供热后不足的热量可表示为（不足热需求将由蓄热量与辅助热源供热）：

$$Q_{g\cdot q}(h) = \begin{cases} Q_j(h) - Q_f(h), & Q_f(h) - Q_j(h) < 0 \\ 0, & Q_f(h) - Q_j(h) \geqslant 0 \end{cases} \tag{5-3}$$

第 h 时刻水箱即时蓄热量可表示为：

$$\hat{Q}(h,V) = \begin{cases} Q_j(h) - Q_f(h), & Q_j(h) - Q_f(h) > 0 \\ 0, & Q_j(h) - Q_f(h) \leqslant 0 \end{cases} \tag{5-4}$$

第 h 时刻辅助热源供热量可表示为：

$$\hat{Q}_{fz}(h) = \begin{cases} Q_{g\cdot q}(h) - Q_y(h-1,V), & Q_y(h) = 0 \\ 0, & Q_y(h) \neq 0 \end{cases} \tag{5-5}$$

式中　$Q_j(h)$——第 h 时刻集热器集热量，$Q_j(h) = \int_{h-1}^{h} \dfrac{3600\eta_h^+ \cdot A_{r,w}/\cos\theta \cdot I(h)}{1000}$，kJ；

$\quad\quad \theta$——集热器安装倾角，°；

$\quad\quad I(h)$——第 h 时刻倾斜面的太阳辐照强度，W/m^2；

$\quad\quad Q_f(h)$——第 h 时刻供暖所需热量，kJ。

（2）全年能耗量（以电量来算）

$$Q(V) = \sum_{h=0}^{8760} \frac{\hat{Q}_{fz}(h)}{COP(h)} \tag{5-6}$$

式中　$Q(V)$——全年能耗量（以电量来算），kWh；

$COP(h)$——第 h 时刻空气源热泵的制热性能系数，W/W。

（3）水箱水温上限约束

$$t \leqslant t_{max}$$

式中　t_{max}——水箱的最大水温，℃。

2. 目标函数

辅助热源全年能耗最小：

$$S = \min Q(V) = \min \sum_{h=0}^{8760} \frac{\hat{Q}_{fz}(h)}{COP(h)} \tag{5-7}$$

3. 求解方法

通过上述优化模型，利用 MATLAB 软件编制求解程序进行求解（求解流程如图 5-11 所示），具体为：

（1）根据建筑参数及逐时气象参数，计算用户负荷需求；

（2）由集热器光热面积与安装角度初步确定太阳能热水供暖系统的蓄热容积；

（3）结合逐时气象参数以及设备热力特性，得出集热量，形成系统能流平衡关系；

（4）根据辅助热源逐时消耗电量，计算建筑年能耗；

（5）判断建筑年能耗是否小于设定值，若年能耗小于设定值，则获得太阳能热水供暖系统的最优蓄热容积，并输出，若年能耗大于设定值，则返回步骤（2），重新确定太阳能热水供暖系统的蓄热容积。

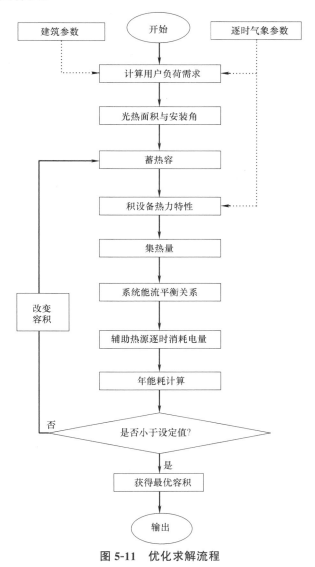

图 5-11　优化求解流程

5.2.3　计算方法应用案例分析

以理塘县某 3 层酒店建筑为研究对象，对其太阳能供暖系统蓄热容积进行了优化计算
（见图 5-12）。该建筑总面积约为 $3000m^2$，建筑围护结构满足现行国家标准《公共建筑节
能设计标准》GB 50189。利用 Designbuilder 负荷模拟软件可计算得，全年建筑供暖负荷
为 142178.56kWh。建筑太阳能集热面积为 $350m^2$，项目采用空气源热泵作为辅助热源，
供暖回水温度为 50℃，供水温度为 60℃，供回水温差为 10℃。

利用上述给出的优化计算方法，可得该项目太阳能供暖系统蓄热容积和辅助热源能耗
的关系，如图 5-13 所示。该项目蓄热容积指标为 $257L/m^2$，整个供暖季节辅助热源能耗
为 27757kWh。

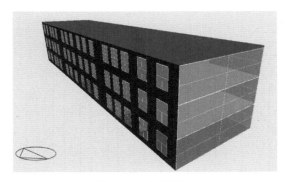

图 5-12　物理模型

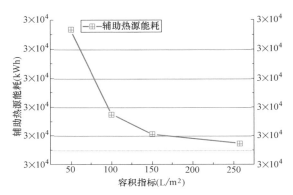

图 5-13　蓄热容积和辅助热源能耗的关系

同时，还可计算得到该太阳能供暖系统不同水箱容积所对应的平均温度，如图 5-14 所示。从图中可以看出，优化计算的 4 种蓄热容积指标下，供暖季蓄热水箱水温的平均值分别为 57.1℃、58.5℃、60.4℃、65.1℃。

进一步可计算得到 4 种蓄热容积指标下，该太阳能供暖系统全年太阳能供热量分别为：78185kWh、77776kWh、76392kWh、69834kWh（见图 5-15）；4 种蓄热容积指标下，全年太阳能贡献率 f 分别为 55.0%、54.7%、53.7%、49.1%。

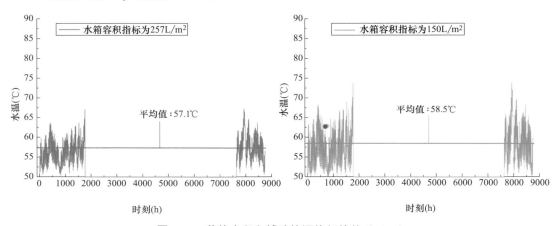

图 5-14　蓄热容积和辅助热源能耗的关系（一）

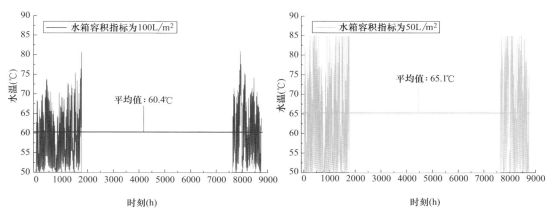

图 5-14　蓄热容积和辅助热源能耗的关系 （二）

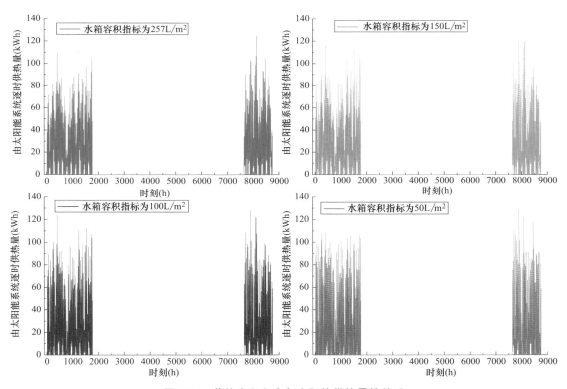

图 5-15　蓄热容积和全年太阳能供热量的关系

5.2.4　典型地区推荐指标

为了便于工程应用，常采用指标法进行蓄热容积设计。国家标准《太阳能供热供暖工程技术规范》GB 50495—2019 中指出，各类太阳能热水供暖系统对应每平方米太阳能集热器采光面积的蓄热水箱应按照表 5-4 选取。但是实际工程应用中，由于不同地区、不同建筑类型、不同建筑参数以及系统不同贡献率的差异，导致最佳蓄热容积不同，亟待给出较为准确的蓄热容积确定方法与指标。

太阳能集热器采光面积的蓄热水箱　　　表 5-4

系统类型	短期太阳能供热供暖系统	中型季节蓄热系统（太阳能集热器面积＜10000m²）	大型季节蓄热系统（太阳能集热器面积≥10000m²）
蓄热水箱、水池容积范围（L/m²）	40～300	50～150	1400～2100

国外相关文献给出了典型地区太阳能跨季节蓄热区域供热系统的蓄热容积指标，如表 5-5 所示。其中，该太阳能供热系统的贡献率为 50%。

典型地区太阳能跨季节蓄热区域供热系统的蓄热容积指标　　　表 5-5

地点	集热面积（m²）	蓄热容积（m³）	电动热泵（kW）	容积指标（L/m²）
斯德哥尔摩	4000	5000	265	1250
罗马	3000	2000	135	667
斯图加特	4000	3000	265	750
伦敦	5000	5500	310	1100
索菲亚	3500	5500	310	1571

本书以太阳能供暖系统的能流平衡关系为约束条件，蓄热系统容积为优化决策变量，辅助热源全年能耗最低为优化目标函数，对典型地区进行了计算分析，获得了典型地区蓄热容积的推荐值。

太阳能集热系统设计时，其蓄热装置的蓄热容量可按下式计算确定：

$$V_s = \frac{l \cdot A_C}{1000} \tag{5-8}$$

式中　V_s——太阳能供暖系统蓄热水箱容积，m³；

　　　l——单位太阳能集热器的采光面积的蓄水量，L/m²，见表 5-6；

　　　A_C——太阳能集热器的采光面积，m²。

单位太阳能集热器的采光面积的蓄水量　　　表 5-6

地点	拉萨	昌都	林芝	红原	理塘	马尔康
全天供暖	200～350	130～250	140～250	180～300	120～220	100～190
白天供暖	200～400	180～300	180～300	190～350	150～270	110～200

5.3　准弹性蓄热系统设计

传统水箱蓄热系统存在的问题：采用固定蓄热容积（蓄热容量），难以与不同供暖时期不断变化的可蓄热量相匹配（见图 5-16），在室外气温处于严寒的供暖旺季，由于蓄热容积过大造成水温偏低，增加了辅助热源的开启频次，在室外气温相对较高的供暖初期和末期，由于蓄热容积过小，导致集热器运行温度偏高，降低了集热效率，甚至出现高温弃热现象，整体降低了蓄热系统的性能。

5.3.1　弹性理想蓄热理念

理想的蓄热系统应满足两个条件：①动态供水温度满足设计要求，不需要额外的辅助

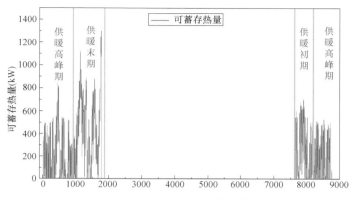

图 5-16 蓄热容积和全年太阳能供热量的关系

热源进行再热；②回水温度满足设计要求，不因热量掺混造成集热温度偏高而影响集热器效率。但要在强波动非稳态的集热/蓄热/供热条件下实现上述条件，则要求蓄热容量可根据可蓄存量变化，进行不断调整的特点，将能实现该特点的蓄热系统定义为弹性理想蓄热系统（见图 5-17）。

图 5-17 弹性理想蓄热系统理念

5.3.2 准弹性蓄热系统的设计

但是，实际水箱热水蓄热系统不可能连续实现蓄热容积可根据蓄热量变化进行不断调整（弹性）的特点，因此本书提出了可根据蓄热量变化阶梯状改变蓄热水箱容积的准弹性多级蓄热系统，以不断趋近弹性蓄热系统，如图 5-18 所示。其具体实现方式如图 5-19 给出的一种准弹性多级蓄热系统工作原理[3,4]。

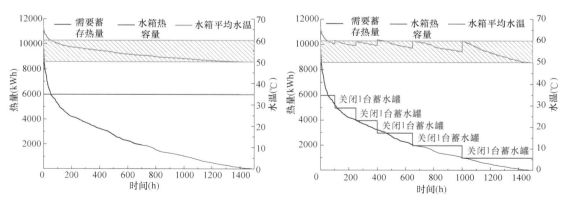

图 5-18 准弹性蓄热系统和刚性蓄热系统对比

准弹性多级蓄热系统工作原理：太阳能集热器获得太阳集热量，将热量传递给集热器

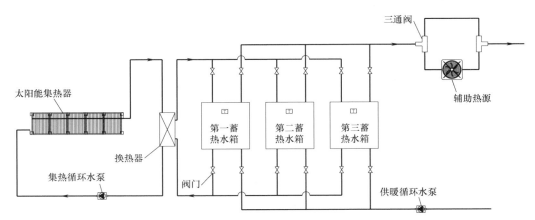

图 5-19 准弹性多级蓄热系统工作原理

中的工作介质（乙二醇水溶液），启动集热循环水泵，在换热器内加热蓄热水箱中的回水。此时第一蓄热水箱与换热器连通，形成循环通路，由此不断获得太阳能集热量；当第一蓄热水箱的蓄热量高于设定值时，通过阀门开闭，使换热器与第二蓄热水箱连通形成循环通路，此时第二蓄热水箱不断获得太阳能集热量；第二蓄热水箱蓄满热量时，通过同样方式对第三蓄热水箱进行蓄热。由此不断完成集热、蓄热循环，换热器加热的回水能够同时对多个蓄热水箱进行蓄热。取热时，控制阀门使用户末端与第一蓄热水箱连通形成循环通路，用户侧供暖回水进入第一蓄热水箱获取热量再供出到用户；若出水温度不满足设计要求，则控制其他蓄热水箱的阀门开启同时进行供水；若出水温度还是不满足设计要求，再通过阀门控制将供水流入辅助热源，由辅助热源将其加热至设计供水温度；当第一蓄热水箱无有效的热量被取用后，通往该水箱的阀门通路断开，同理控制其他蓄热水箱通断，完成蓄放热过程。

5.3.3 不同蓄热系统性能对比

本节基于第 5.2.3 节所述案例，利用专业软件编制模拟计算程序，对理想蓄热水箱、传统刚性蓄热水箱以及双级准弹性蓄热水箱系统进行了模拟仿真计算。其中刚性水箱（水箱容积 $70m^3$）、双级准弹性水箱（2 个 $35m^3$ 水箱）供热系统逐时供水水温如图 5-20 所示。从图可以看出，准弹性水箱系统的平均供水温度约为 57.8℃，刚性水箱系统平均供水温度约为 57.4℃。

三种蓄热模型下，所计算的辅助热源能耗如图 5-21 所示。从图 5-21 中可以看出，双级蓄热系统相比单级刚性蓄热系统能耗降低了约 5%，但仍然高于理想水箱供热系统辅助热源能耗。造成双级准弹性蓄热系统能耗降低的原因是，逐时供热热水品质得以提高（但由于双级系统仍然达不到理想弹性模型，提升有限），降低了由于温度不满足设计要求补热的辅助热源能耗，减少了水箱的废热留存。从图中还可以看出，即使是经优化的刚性蓄热系统，与理想蓄热模型供热系统相比，仍然有近 16% 的有效集热量无法被有效利用，降低了系统的节能性与经济性。

图 5-22 给出了准弹性蓄热供热系统第一蓄热水箱与第二蓄热水箱供热曲线。从图 5-22 中可以看出，第一蓄热水箱全年供热量为 38905.2kWh，第二蓄热水箱全年供热量

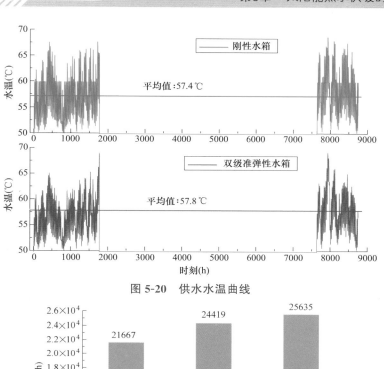

图 5-20 供水水温曲线

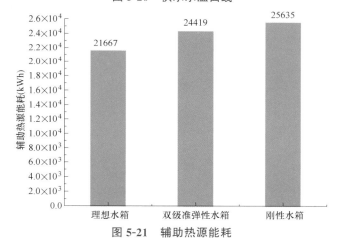

图 5-21 辅助热源能耗

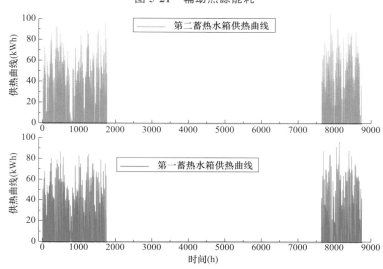

图 5-22 第一水箱与第二水箱供热曲线

为 40072.4kWh，辅助热源全年供热量为 63200.9kWh，该太阳能供热系统全年太阳能贡献率 f 约为 55.5%。

本章参考文献

［1］ Loan Sarbu，Calin Sebarchievici. Solar Heating and Cooling Systems ［M］. Academic Press，2017.

［2］ 戎向阳，司鹏飞. 太阳能热水供暖系统蓄热容积确定方法 ［P］. 201510746702.9. 2018-2-23 至 2038-2-23，中国.

［3］ 戎向阳，冯雅，司鹏飞. 一种多组蓄热水箱的直接式太阳能供暖系统及其控制方法 ［P］. 201510743134.7. 2015-11-5 至 2025-11-5，中国.

［4］ 冯雅，戎向阳，司鹏飞 . 一种多组蓄热水箱的间接式太阳能供暖系统及其控制方法 ［P］. 201510743207.2. 2015-11-5 至 2025-11-5，中国.

第6章 | 太阳能热水供暖系统的换热与辅助热源设计

由于太阳能集热系统防冻要求，大多数集热系统采用间接式系统，因此需进行太阳能集热系统的间接换热设计选型，确定换热器的类型和换热面积。由于太阳能的不稳定性，为了提高系统供热的可靠性，太阳能热水供暖通常需要设置辅助热源，因此需进行辅助热源的设计，确定辅助热源的类型和容量。

6.1 换热器的形式与换热参数

换热器是将热流体的部分热量传递给冷流体的设备，又称热交换器，广泛应用于暖通空调领域。

6.1.1 换热器的形式选择

表面式换热器中的冷热两种流体被金属壁隔开，通过金属壁面进行热交换，是目前应用最多的换热器。表面式换热器有壳管式、容积式、板式、套管式等（见图 6-1）。壳管

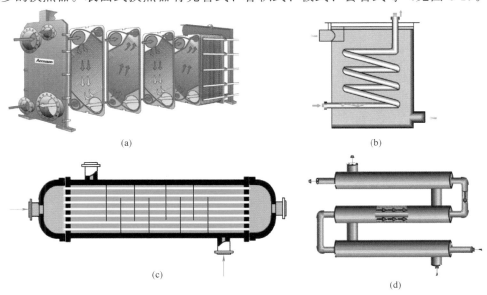

图 6-1 换热器的形式

（a）板式；（b）容积式；（c）壳管式；（d）套管式

式换热器结构简单、造价低、流通截面较宽、易于清洗水垢，但其传热系数低、占地面积大。容积式换热器兼具储水箱的作用，易于清除水垢，主要用于单户供暖系统。板式换热器传热系数高、结构紧凑、适应性较大、操作维修方便、可实现小的换热端差，是供暖领域最常采用的换热器。

6.1.2　换热器参数确定原则

间接系统板式换热器两侧工质通常存在 1.5～5.0℃ 的换热温差，因此在换热系统设计时应充分考虑该换热温差，合理确定集热系统的防冻液供/回水温度和供热系统工质的供/回水温度，以保证使用侧的用热品质要求，同时充分提高集热系统的集热效率和集热量。

6.2　换热器的容量计算

6.2.1　换热容量计算方法

换热系统的换热量根据计算得到的集热器逐时集热量确定。集热器逐时集热量应按照当地气象参数特征、所选择的集热器类型以及集热器的安装方位角和倾角，根据计算得到。确定的原则有两种思路：一是保证太阳能集热器的集热量，可由防冻液一侧经间接换热器完全交换到水侧，以防止换热不充分，升高集热温度，降低集热器效率；另一种思路是在保证绝大多数集热可充分换热的情况下，基于换热设备投资的考虑，取一定的不保证小时数，适当降低换热器的换热容量。图 6-2 为某项目集热系统逐时集热量（计算参考第4 章相关内容），从图中可以看出，采用 18000kW 的换热量作为换热器面积计算的依据，可基本保证集热器的集热量被完全换出，不会因换热不畅导致集热系统回水温度过高，但设备投资大；若采用不保证 50h 进行换热容量的确定，则换热容量可降低到 13420kW。因此，实际项目可以换热容量为决策变量，以增量投资回收期最短为目标函数，在集热系统安全运行约束下，进行换热容量的优化计算，以此计算最优的换热面积。

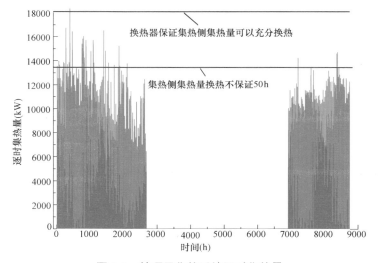

图 6-2　某项目集热系统逐时集热量

6.2.2　典型地区计算指标

为了方便工程应用，本书利用上述方法给出了部分地区间接集热系统热交换器换热量计算公式，如式（6-1）所示，可供设计时参考。其他地区也可根据类似指标法，给出便于工程计算的推荐指标[1,2]。

$$Q_{hx} = \frac{A_C \cdot q}{1000} \qquad (6\text{-}1)$$

式中　Q_{hx}——间接系统热交换器换热量，kW；

　　　q——单位面积集热器换热量，W/m²，如表 6-1 所示。

单位面积集热器换热量　　　　　　　　　表 6-1

地点	拉萨	红原	理塘	马尔康
单位面积集热器换热量（W/m²）	850	750	600	500

6.3　辅助热源系统设计

6.3.1　辅助热源的形式选择

考虑到环保要求、供应能力、运输成本、储藏条件及长期使用等综合因素，电力和天然气应作为太阳能供暖系统辅助热源的主要能源形式，电力作为辅助热源常用的两种方式是直接电加热和电动热泵。

1. 电力和天然气比选

到底采用电力还是天然气作为辅助热源的能源形式，一方面需要了解电力与天然气的供应能力，确定是否需要进行电力或燃气的增容；另一方面需要调研用电价格和天然气价格，结合辅助热源的使用规律，分析年计算费用（综合初投资和运行费用）；最后，应考虑供电与供气的可靠性，避免因能源供应不足影响供热的可靠性。

2. 直接电热和热泵比选

相比直接电加热而言，各类热泵作为热源可以节约 50% 以上的电耗，为此建议优先选择热泵作为主动式太阳能供暖的辅助热源。当满足《民用建筑供暖通风与空气调节设计规范》GB 50736—2012 中对于电加热供暖的条件时，也可采用直接电热作为辅助热源，但考虑到直接电热作为辅助热源实际消耗的一次能源依然较大，故必须限定直接电热的使用量，否则并未真正实现节能，即采用直接电热作为辅助热源的主动式太阳能供暖系统，太阳能全年贡献率不宜低于 65%。

3. 地源热泵和空气源热泵的比选

对于冬夏两用的地埋管地源热泵，通常需考虑夏季供冷和冬季供热造成的热平衡，以此分析其作为辅助热源的可行性判据；对于只是冬天使用的地埋管地源热泵，需考虑与太阳能供热构成复合供能系统，非供暖季应采取太阳能向大地蓄热的运行策略。对于地下水或地表水源热泵，一方面需调研取水的政策许可，另一方面需了解取水收费及价格等因素。

对于空气源热泵，一方面需了解项目所在地的气温因素，确定空气源热泵低温运行性能；另一方面需根据项目所在地相对湿度条件，进行结霜特性分析，以确定空气源热泵结霜的频率和除霜能耗（图 6-3 所示为典型地区空气源热泵结霜特性分析）[1-4]；最后，还需要考虑项目所在地的海拔高度，确定由于空气密度降低造成的机组性能衰减。

常规的空气源热泵空调机组是制冷和制热双工况设计，制热工况下的 COP 低于单制热设计的空气源热泵机组。因此，在采用空气源热泵机组作为供暖系统的热源时，宜优先选用 COP 较高的单热型空气源热泵机组，提高设备能效，节约能耗。

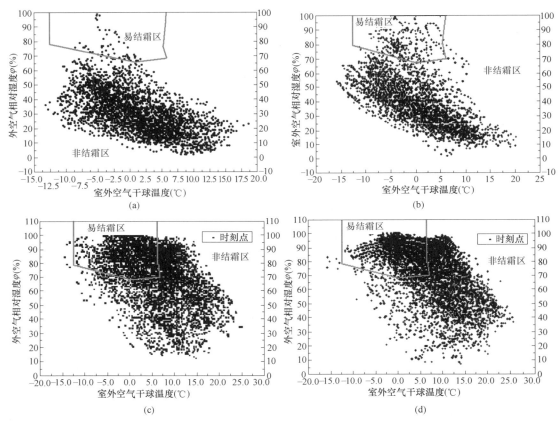

图 6-3　典型地区空气源热泵结霜特性分析[1-4]
（a）拉萨；（b）林芝；（c）若尔盖；（d）红原

4. 低温热泵和常规热泵比选

图 6-4 给出了空气源热泵制热性能系数随室外温度的变化。从图中可以看出，当室外温度下降时，无论是常规热泵机组还是低温空气源热泵机组（图 6-4 中的第三代技术），制热性能系数均急剧下降。尤其是当冬季设计温度低于 -15℃时，常规空调机组性能系数（COP）很难满足相关标准要求（热风机组不宜小于 1.80，热水机组不宜小于 2.00），因此建议在冬季设计温度低于 -15℃的地区不应使用常规空气源热泵机组。

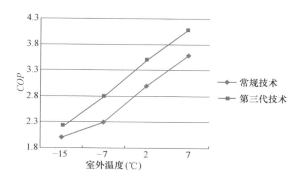

图 6-4　空气源热泵制热性能系数随室外温度的变化

6.3.2　辅助热源的容量计算

在不利的阴、雨、雪天气条件下，太阳能集热系统完全不能工作，建筑物的全部供暖负荷都需依靠辅助热源供给，所以《太阳能供热采暖工程技术标准》GB 50495—2019 指出辅助热源的供热能力和供热量应能满足建筑物的全部供暖热负荷。但对于太阳能富集地区（比如青藏高原），由于其太阳能供暖系统设计的贡献率往往较高，而连续阴、雨、雪天气又较少，由此导致辅助热源长期闲置，增加了系统初投资，降低了系统的经济效益。因此，在该类型地区，一方面可以采用降低室内设计温度的方法进行辅助热源容量设计计算（比如《四川省高寒地区供暖通风设计标准》DB51/055—2016 指出辅助热源容量时，办公、商业室内设计温度等宜采用 15℃），另一方面可采用动态热平衡法（计算方法详见第 4、5 章），选取典型设计日的热平衡计算结果，合理确定辅助热源实际容量（某项目热平衡法计算辅助热源容量过程如图 6-5 和图 6-6 所示）。

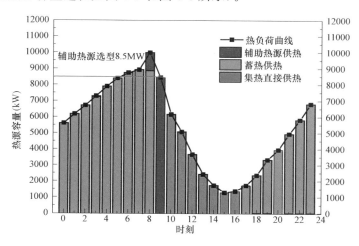

图 6-5　典型日热平衡分析（严寒季节）

对于在高海拔地区应用的太阳能供暖项目，大气压力低，空气密度小，空气中含氧量低，辅助热源容量确定时应考虑机组性能下降的情况。

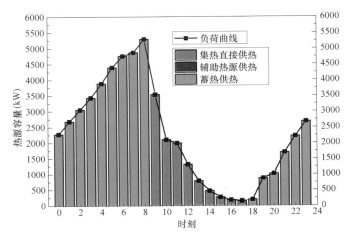

图 6-6　典型日热平衡分析（非严寒季节）

6.3.3　辅助热源接入位置设计

辅助热源设置的形式有两种：一种是在供暖系统上设置辅助热源；另一种是在独立房间内设置小型的辅助热源。辅助热源在供暖系统上的接入位置主要有三种方式：直接将热量加入水箱中（图 6-7 中 A 位置）；将热量加入离开水箱的水中（图 6-7 中 B 位置）；将热量直接加给从旁路绕过水箱的水中（图 6-7 中 C 位置）。

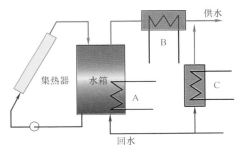

图 6-7　辅助热源设置位置

改变辅助热源接入的位置会引起系统性能的变化，这主要与集热器最佳的工作温度和水箱放热效率有关。采用第一种方法，直接将热量加入水箱中，会使集热器具有较高的温度，集热器的集热性能下降，从而需要更多的辅助能量。采用第二种方法，将能量加入离开水箱的水中，最大限度地利用了太阳能集热器的输出能量，利用了集热器在最低平均温度下的工作状态，因此，具有较高的集热效率。当采用有旁路绕过水箱的方法三时，在水箱顶部的温度不够高的情况下，则可能无法充分利用已获得的一些太阳能热量（如将空气源热泵设置于图 6-7 中 C 处，当水箱温度较低时，为了混合后水温能满足用热要求，需极大限度地提高热泵出水温度，这可能带来热泵性能下降严重，为此从经济性角度考虑，可能不如单独利用热泵进行供暖）。

为了进一步了解辅助热源接入位置对能耗的影响，以典型案例进行了分析计算，结果如图 6-8 所示。从图 6-8 中可以看出，本书与 Gutierrez 等的研究均表明，安装在图 6-7 中

B 位置时，由辅助热源提供的热量占总供热量的比例最低。

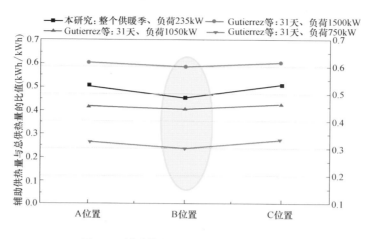

图 6-8　辅助热源不同位置对能耗的影响

6.4　空气源热泵的海拔修正方法

海拔升高将引起空气密度降低，对空气源热泵机组性能产生两方面影响：一是会导致流过蒸发器的空气质量流量下降；二是蒸发器侧出风温度下降，对数平均温差减小，从而导致蒸发器侧吸热量减小。由于热泵机组控制策略为：当室外空气温度降低或制热量不足时，空气源热泵机组将降低蒸发温度来提高机组吸热量，以增加机组的制热量。因此，要想了解空气源热泵由于海拔增加造成的机组性能衰减，一方面需要计算质量流量减小和蒸发温度下降的等价效应，另一方面需要计算蒸发温度下降造成的热泵循环的性能变化，如图 6-9 所示。

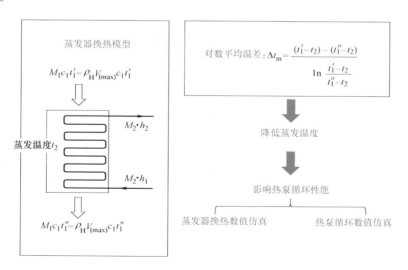

图 6-9　海拔对热泵机组性能的影响过程

6.4.1 海拔对热泵性能影响的仿真方法

本小节利用压缩制冷循环仿真软件 Solkane9.0 和换热盘管计算软件 CoilDesigner 联合模拟计算了空气源热泵机组在不同海拔高度的性能特征。

1. 软件模拟的假设条件

为了简化分析过程，在软件联合仿真分析时进行了以下假设：

（1）机组在未结霜工况下运行；

（2）机组循环时蒸发过程为等温过程；

（3）机组制热过程为稳态工况。

2. 联合仿真耦合流程

利用 Slokane9.1 进行压缩循环计算，利用 CoilDesigner 进行换热盘管换热性能计算，联合仿真的耦合流程如图 6-10 所示。

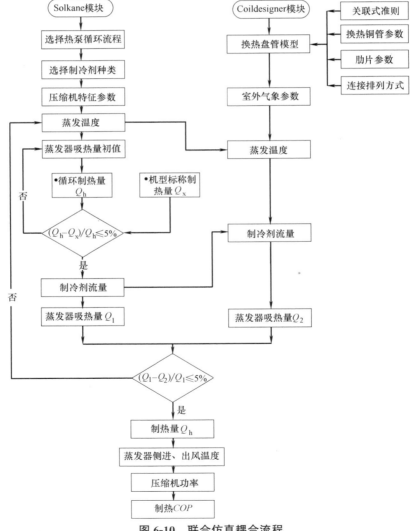

图 6-10　联合仿真耦合流程

3. 联合仿真参数设定

通过对格力电器、重庆银河制冷等设备企业进行调研，同时结合《双级压缩变容积比空气源热泵技术与应用》[5]，获得了仿真机组的基本参数，作为联合仿真的输入参数，如表 6-2 所示。

联合仿真参数	表 6-2
调研项	调研结果
单根换热铜管总长度(m)	1.2
换热铜管管径及厚度(mm)	7.94/0.41
换热铜管排数(排)	2
每排铜管的数量(个)	68(单根管数)
铜管水平间距(mm)(指不同排铜管的水平间距)	19.05
铜管垂直间距(mm)(指同一排铜管的垂直间距)	22
翅片间距(mm)	1.4
翅片厚度(mm)	0.105
铜管上每厘米翅片数量(个)	7
翅片高度(mm)	38.1(列距方向)
翅片密度(kg/m³)	2710(纯铝)
翅片导热系数[W/(m·K)]	236(纯铝)
总的制冷剂流量(kg/s)	/
蒸发器工作压力(Pa)	$6.89×10^5$(额定制热)
最大风量(m³/h)	6600
空气温度(℃)	−20
空气相对湿度(%)	90
蒸发器压力(Pa)	220000.0
蒸发温度(℃)	−27
过热度(℃)	5
过冷度(℃)	5
制冷剂流量(kg/s)	0.499
压缩机最大功率(kW)	6.5

模拟过程包括了海拔 0～4000m 高度范围，海拔和大气压力的换算关系按照图 6-11 所示的模型进行计算。

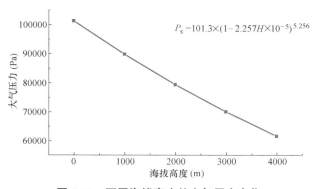

$$P_s = 101.3×(1-2.257H×10^{-5})^{5.256}$$

图 6-11　不同海拔高度处大气压力变化

4. 联合仿真物理模型

根据以上参数，建立热泵循环模型与蒸发器换热模型，如图6-12和图6-13所示。

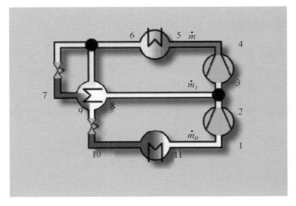

图 6-12　制冷循环模型

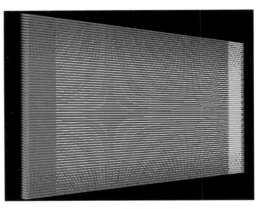

图 6-13　换热器模型

6.4.2　海拔高度对热泵性能影响的仿真结果

首先与格力实验室 0m 海拔时的数据进行了对比，验证了仿真方法的正确性，结果如图6-14所示。从图中可以看出，0m海拔时，实验室数据与理论计算数据基本吻合。接着对室外温度−20～7℃的范围，海拔0～4000m高度范围内，机组性能变化进行了计算分析。

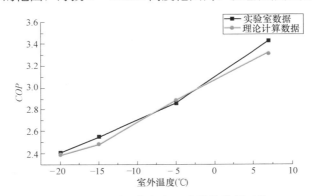

图 6-14　实验室数据与理论计算数据对比

1. 室外温度−20℃工况

从蒸发温度来看，海拔每升高 1000m，蒸发温度降低 0.3～0.5℃，蒸发温度下降幅度较小（图6-15）。从流经室外蒸发器的空气温度来看，海拔每升高 1000m，空气出风温度降低 0.4～0.6℃，蒸发温度降低，导致出风温度也相应下降，下降幅度基本对应，但由于风量足够，故空气温度下降幅度较小（图6-16）。

在室外温度−20℃时，不同海拔高度对机组性能的影响如图6-17所示。其中，海拔为 0m 时，格力实验室提供的机组 COP 为 2.39，耦合模型计算的 COP 为 2.40，可见仿真模型的准确性高。同时从图中可以看出，在保持供热量不变的情况下，海拔高度对机组制热性能影响并不大，压缩机功率呈增加趋势，从 6.37kW 增加到 6.56；COP 随着海拔的升高，有所降低，从 2.41 降低到了 2.37。

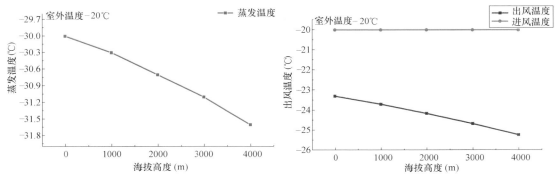

图 6-15　机组蒸发温度随海拔高度变化　　　　图 6-16　蒸发器出风温度随海拔高度变化

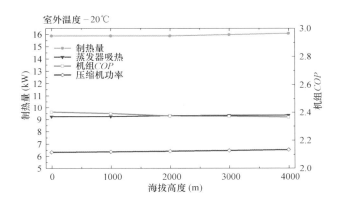

图 6-17　机组性能随海拔高度的变化（室外温度－20℃）

2. 室外温度－15℃工况

在室外温度为－15℃时，不同海拔高度对机组性能的影响如图 6-18 所示。从图中可以看出，在保持供热量不变的情况下，海拔高度对机组制热性能影响并不大，压缩机功率呈增加趋势，从 6.0kW 增加到 6.2kW；COP 随着海拔的升高，有所降低，从 2.55 降低到了 2.50，下降幅度并不大。

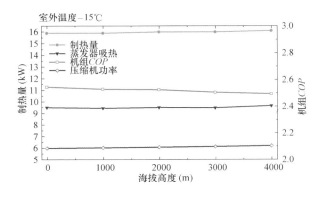

图 6-18　机组性能随海拔高度的变化（室外温度－15℃）

3. 室外温度−5℃工况

在室外温度为−5℃时，不同海拔高度对机组性能的影响如图 6-19 所示。从图 6-19 中可以看出，在保持供热量不变的情况下，海拔高度对机组制热性能影响并不大，压缩机功率呈增加趋势，从 5.31kW 增加到 5.48kW；COP 随着海拔的升高，有所降低，从 2.86 降低到了 2.81，下降幅度并不大。

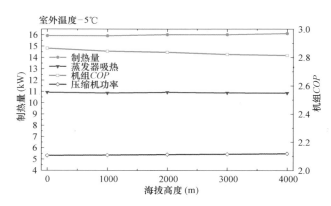

图 6-19　机组性能随海拔高度的变化（室外温度−5℃）

4. 室外温度 7℃工况

在室外温度为 7℃时，不同海拔高度对机组性能的影响如图 6-20 所示。从图中可以看出，在保持供热量不变的情况下，海拔高度对机组制热性能影响并不大，压缩机功率呈增加趋势，从 4.43kW 增加到 4.62kW；COP 随着海拔的升高，有所降低，从 3.43 降低到了 3.33，下降幅度并不大。

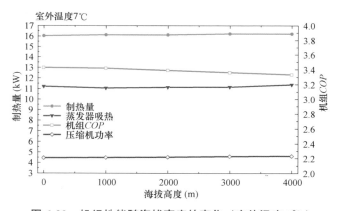

图 6-20　机组性能随海拔高度的变化（室外温度 7℃）

6.4.3　空气源热泵的海拔高度修正因子

通过上述仿真分析可知，当海拔高度发生变化时，虽然室外蒸发器侧质量流量有所减少，但机组运行时通过降低蒸发温度来增加吸热量，且海拔每升高 1000m，蒸发温度降低仅为 0.3～0.6℃，对机组性能影响较小。由此可得空气源热泵的海拔高度修正因子，如图 6-21 和表 6-3 所示。

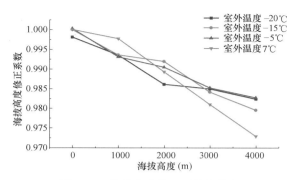

图 6-21　海拔高度修正系数取值图

海拔高度修正系数取值表　　　　　　　　　　　　　　　　表 6-3

海拔高度（m）	室外温度—20℃	室外温度—15℃	室外温度—5℃	室外温度7℃
0	0.998	1.000	1.000	1.000
1000	0.994	0.994	0.993	0.998
2000	0.986	0.992	0.991	0.989
3000	0.985	0.984	0.985	0.981
4000	0.982	0.980	0.983	0.973

本章参考文献

[1]　西藏自治区建筑勘察设计院，中国建筑西南设计研究院. DBJ 540002—2016 西藏自治区民用建筑供暖通风设计标准. ［S］. 拉萨：西藏自治区住房和城乡建设厅，2016.

[2]　中国建筑西南设计研究院. DBJ 51/055—2016 四川省高寒地区民用建筑供暖通风设计标准. ［S］. 成都：四川省住房和城乡建设厅，2016.

[3]　戎向阳，闵晓丹，司鹏飞 等. 拉萨市供暖技术的适宜性分析 ［J］. 暖通空调，43（6），2013，23-30.

[4]　司鹏飞，戎向阳，杨玲 等. 高海拔严寒地区暖通工程应用——文成公主纪念馆暖通设计 ［J］. 暖通空调，2013，43（6）：38-40.

[5]　黄辉. 双级压缩变容积比空气源热泵技术与应用 ［M］. 北京：机械工业出版社，2018.

第7章

太阳能光热与光伏耦合优化

7.1 太阳能光热与光伏耦合优化模型

太阳能光热供暖系统和光伏系统，都能够为建筑利用太阳能提供条件。通常研究主要针对系统各自的特点对典型建筑进行优化分析。但在典型建筑中，在有限的屋顶面积资源的情况下，如何合理搭配光热和光伏系统，使得所追求的节能性和经济性目标达到最优，这是光伏光热综合利用需要解决的问题。基于此，本书建立了太阳能能源综合利用（光热和光伏）效率最大化的优化分析组合模型。

7.1.1 太阳能光热与光伏耦合物理模型

对于太阳能综合利用系统，太阳能资源丰富区（Ⅰ区）建筑辅助热源形式主要有热泵或锅炉，太阳能资源丰富区（Ⅱ区）建筑辅助冷热源主要为热泵或锅炉＋冷水机组。不同系统形式的太阳能综合利用物理模型如图 7-1 所示。

空气源热泵为冷热源时，综合利用系统的工作原理为：冬季工况时，由太阳能和空气源热泵产生 50℃的热水，满足建筑供暖与热水用热需求，光伏系统发电量一方面满足空气源热泵用电需求，另一方面满足建筑其他耗电设备用电需求，电力不足部分由市政电网供给，发电富余部分上传至市政电网；夏季工况时，由太阳能和空气源热泵产生 50℃的热水，满足建筑热水用热需求，由空气源热泵产生 7℃的冷水，满足空调系统用冷需求，光伏系统发电量一方面满足空气源热泵用电需求，另一方面满足建筑其他耗电设备用电需求，电力不足部分由电网供给，发电富余部分上传至电网。该模型中热力和电力存在较强的耦合关系，太阳能集热面积的大小将影响辅助热源的电负荷，进而影响光伏系统电量平衡关系和太阳能光伏电池的安装面积，而太阳能光伏面积的变化也会反过来影响太阳能光热系统集热量与蓄热特征，建筑用能、建筑产能与建筑蓄能三者之间的耦合关系，再加上气象参数的动态变化，最终形成复杂的多变量动态耦合过程。

锅炉＋冷水机组为冷热源时，综合利用系统的工作原理为：冬季工况时，由太阳能和天然气锅炉产生 50℃的热水，满足建筑供暖与热水用热需求，光伏系统发电量一方面满足输配系统用电需求，另一方面满足建筑其他耗电设备用电需求，电力不足部分由电网供给，发电富余部分上传至电网；夏季工况时，由太阳能和天然气锅炉产生 50℃的热水，满足建筑热水用热需求，由冷水机组产生 7℃的冷水，满足空调系统用冷需求，光伏系统发电量一方面满足冷水机组用电需求，另一方面满足建筑其他耗电设备用电需求，电力不足部分由电网供给，发电富余部分上传至电网。

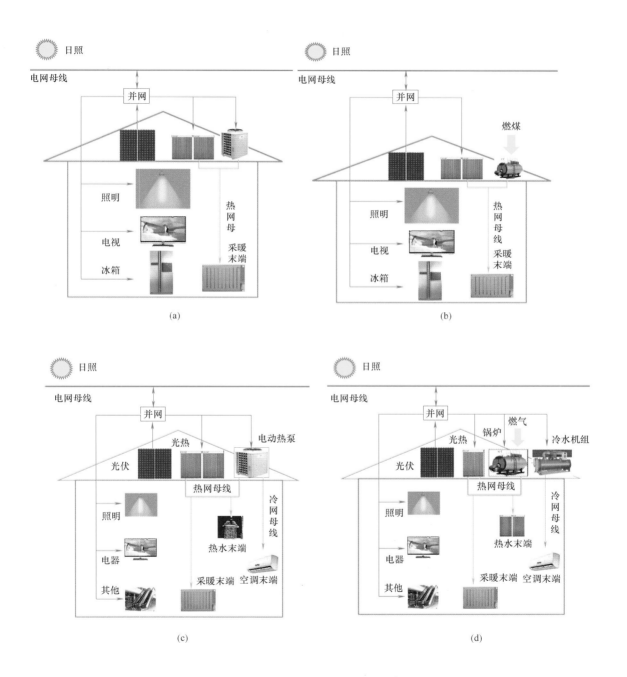

图 7-1　太阳能综合利用物理模型

（a）太阳能资源丰富区（Ⅰ区），热泵为辅助热源；（b）太阳能资源丰富区（Ⅰ区），燃煤
锅炉为辅助热源；（c）太阳能资源丰富区（Ⅰ区），热泵为辅助冷热源；
（d）太阳能资源丰富区（Ⅰ区），天然气锅炉＋冷水机组为辅助冷热源

7.1.2　太阳能光热与光伏耦合优化数学模型

对于以热泵为冷热源综合利用系统评价模型的基本思路为：将建筑看作全年电、冷、热需求量恒定的开口系统，外界与系统发生的商品能源交换的接口仅为电力并网点；在满足建筑用热、用冷与用电需求的前提下，外界全年向其输入的商品能源（市网消耗电量与发电上网电量差值）越少，则从能源利用角度评价，太阳能综合利用系统越好；在满足建筑用热与用电需求的前提下，全年费用（综合费用年值）最少，则从经济性角度评价，太阳能综合利用系统越好。

对于锅炉或冷水机组＋锅炉为冷热源综合利用系统评价模型的基本思路为：将建筑看作一个全年电、冷、热需求量恒定的开口系统，外界与系统发生的商品能源交换的接口为电力并网点与天然气接入点；在满足建筑用热、用冷与用电需求的前提下，外界全年向其输入的商品能源（市网消耗电量与发电上网电量差值和天然气消耗量经折标煤计算后的能耗）越少，则从能源利用角度评价，太阳能综合利用系统越好；在满足建筑用热与用电需求的前提下，全年费用（综合费用年值）最少，则从经济性角度评价，太阳能综合利用系统越好。

基于上述思路，建立不同太阳能综合利用系统的数学模型[1-3]。

1. 热泵为冷热源综合利用系统的数学优化模型

（1）约束条件

1）系统逐时电量平衡关系可通过式（7-1）表示：

$$Q_f(h, A_{d,w}) - Q_q(h) - Q_g(h, A_{r,w}) = Q_s(h, A_{d,w}, A_{r,w}) \tag{7-1}$$

式中　$Q_f(h, A_{d,w})$——光伏设备逐时发电量，kWh；

$\quad\quad Q_q(h)$——除供热与供冷设备以外的其他设备逐时用电量，kWh；

$Q_s(h, A_{d,w}, A_{r,w})$——正值时代表逐时上网电量，负值时代表逐时消耗城市电网电量，kWh；

$\quad\quad Q_g(h, A_{r,w})$——供热与供冷系统逐时消耗电量，kWh；

$\quad\quad A_{d,w}$——光伏发电设备占用屋顶面积，m^2；

$\quad\quad A_{r,w}$——光热设备用屋顶面积，m^2。

第 h 时刻供热与供冷系统逐时消耗电量可表示为式（7-2）：

$$Q_g(h, A_{d,w}, A_{r,w}) = Q_{l,d}(h) + Q_{r,d}(h) + Q_{sp}(h) \tag{7-2}$$

式中　$Q_{r,d}(h)$——第 h 时刻空气源热泵供热工况耗电量，kJ；

$\quad\quad Q_{l,d}(h)$——第 h 时刻空气源热泵供冷工况耗电量，kJ；

$\quad\quad Q_{sp}(h)$——第 h 时刻输配系统耗电量，kJ。

2）系统逐时供热量平衡关系：

第 h 时刻集热器直接供热量可表示为式（7-3）：

$$Q_{j \cdot g}(h) = \begin{cases} Q_j(h), & Q_f(h) > Q_j(h) \\ Q_f(h), & Q_f(h) \leqslant Q_j(h) \end{cases} \tag{7-3}$$

第 h 时刻水箱余热量的热平衡方程可表示为式（4）：

$$Q_y(h) = \begin{cases} Q_y(h-1) + \widehat{Q}(h) - Q_{g \cdot q}(h), & Q_y(h-1) \geqslant Q_{g \cdot q}(h) \\ 0, & Q_y(h-1) < Q_{g \cdot q}(h) \end{cases} \tag{7-4}$$

第 h 时刻由太阳能集热直接供热后不足的热量可表示为式（7-5）（不足热需求将由蓄热量与辅助热源供热）：

$$Q_{g \cdot q}(h) = \begin{cases} Q_j(h) - Q_f(h), & Q_f(h) - Q_j(h) < 0 \\ 0, & Q_f(h) - Q_j(h) \geqslant 0 \end{cases} \tag{7-5}$$

第 h 时刻水箱即时蓄热量可表示为式（7-6）：

$$\widehat{Q}(h) = \begin{cases} Q_j(h) - Q_f(h), & Q_j(h) - Q_f(h) > 0 \\ 0, & Q_j(h) - Q_f(h) \leqslant 0 \end{cases} \tag{7-6}$$

第 h 时刻辅助热源供热量可表示为式（7-7）：

$$\widehat{Q}_{fz}(h) = \begin{cases} Q_{g \cdot q}(h) - Q_y(h-1), & Q_y(h) = 0 \\ 0, & Q_y(h) \neq 0 \end{cases} \tag{7-7}$$

式中　$Q_j(h)$——第 h 时刻集热器集热量，kJ，计算式为式（7-8）；

$$Q_j(h) = \int_{h-1}^{h} \frac{3600\eta_h^+ \cdot A_{r,w}/\cos\theta \cdot I(h)}{1000} \tag{7-8}$$

式中　θ——集热器安装倾角，°；

$I(h)$——第 h 时刻倾斜面的太阳辐照强度，W/m^2；

$Q_f(h)$——第 h 时刻供暖与热水所需热量，kJ。

第 h 时刻辅助热源供热量可表示为式（7-9）：

$$Q_f(h) = Q_{f,g}(h) + Q_{f,r}(h) = Q_{r,d}(h)/COP_r(h) \tag{7-9}$$

式中　$Q_{f,g}(h)$——第 h 时刻供暖所需热量，kJ；

$Q_{f,r}(h)$——第 h 时刻供暖所需热量，kJ；

$Q_{r,d}(h)$——第 h 时刻空气源热泵供热工况耗电量，kJ；

$COP_r(h)$——第 h 时刻空气源热泵供热工况性能系数，W/W。

3）系统逐时供冷量平衡关系：

第 h 时刻供冷量可表示为式（7-10）：

$$Q_l(h) = Q_{l,d}(h)/COP_l(h) \tag{7-10}$$

式中　$Q_{l,d}(h)$——第 h 时刻空气源热泵供冷工况耗电量，kJ；

$COP_l(h)$——第 h 时刻空气源热泵供冷工况性能系数，W/W。

4）全年上网电量可表示为式（7-11）：

$$Q_{s,w}(A_{d,w}, A_{r,w}) = \sum_{h=0}^{h=8765} \begin{cases} Q_s(h, A_{d,w}, A_{r,w}), Q_s(h, A_{d,w}, A_{r,w}) > 0 \\ 0, Q_s(h, A_{d,w}, A_{r,w}) < 0 \end{cases} \tag{7-11}$$

式中　$Q_{s,w}(A_{d,w}, A_{r,w})$——全年上网电量，kWh。

5）全年市网消耗电量可表示为式（7-12）：

$$Q_{s,x}(A_{d,w}, A_{r,w}) = \sum_{h=0}^{h=8765} \begin{cases} |Q_s(h, A_{d,w}, A_{r,w})|, Q_s(h, A_{d,w}, A_{r,w}) < 0 \\ 0, Q_s(h, A_{d,w}, A_{r,w}) > 0 \end{cases} \tag{7-12}$$

式中　$Q_{s,x}(A_{d,w}, A_{r,w})$——全年城市电网消耗电量，kWh。

6）全年能耗量（以电量来算）可表示为式（7-13）：

$$Q_{n,h}(A_{d,w}, A_{r,w}) = Q_{s,x}(A_{d,w}, A_{r,w}) - Q_{s,w}(A_{d,w}, A_{r,w}) \tag{7-13}$$

式中　$Q_{n,h}(A_{d,w}, A_{r,w})$——全年能耗量（以电量来算），kWh。

7）屋顶面积有限约束可表示为式（7-14）：

$$A_{d,w} + A_{r,w} \leqslant A_w \tag{7-14}$$

式中　A_w——屋顶面积，m^2。

8）运行费用可表示为式（7-15）：

$$P(A_{d,w}, A_{r,w}) = P_w(A_{d,w}, A_{r,w}) +$$

$$\sum_{h=0}^{h=8765} \left\{ \left[Q_f(h, A_{d,w}) - \begin{cases} Q_s(h, A_{d,w}, A_{r,w}), Q_s(h, A_{d,w}, A_{r,w}) > 0 \\ 0 \end{cases} \right] \times 0.42 + \right.$$

$$\begin{cases} Q_s(h, A_{d,w}, A_{r,w}) \cdot (标杆电价 + 0.42), Q_s(h, A_{d,w}, A_{r,w}) > 0 \\ 0, Q_s(h, A_{d,w}, A_{r,w}) \leqslant 0 \end{cases}$$

$$\begin{cases} |Q_s(h, A_{d,w}, A_{r,w})| \cdot (市网电价), Q_s(h, A_{d,w}, A_{r,w}) < 0 \\ 0, Q_s(h, A_{d,w}, A_{r,w}) \geqslant 0 \end{cases} \tag{7-15}$$

式中　$P(A_{d,w}, A_{r,w})$——年运行费用，元；

　　　$P_w(A_{d,w}, A_{r,w})$——年维护费用（光伏系统与供暖系统），元。

9）年计算费用：

利用动态分析法进行技术经济分析，年计算费用可表示为式（7-16）：

$$Z(A_{d,w}, A_{r,w}) = \theta_g K(A_{d,w}, A_{r,w}) + P(A_{d,w}, A_{r,w}) =$$

$$\frac{i(1+i)^n}{(1+i)^n - 1} K(A_{d,w}, A_{r,w}) + P(A_{d,w}, A_{r,w}) \tag{7-16}$$

式中　Z——年计算费用，元/a；

　　　K——初投资，元；

　　　i——利率/收益率，%，本书取 8%；

　　　n——生产期，这里取集热器的寿命，15a；

　　　P——运行费用；

　　　θ_g——资金回收系数。

（2）目标函数

1）从节能最优角度考虑，目标函数可表示为式（7-17）：

$$S=\min[Q_{n,h}(A_{d,w},A_{r,w})]=\min[Q_{s,x}(A_{d,w},A_{r,w})-Q_{s,w}(A_{d,w},A_{r,w})] \quad (7-17)$$

2）从经济最优角度考虑，目标函数为式（7-18）：

$$S=\min[Z(A_{d,w},A_{r,w})]=\min\left[\frac{i(1+i)^n}{(1+i)^n-1}K(A_{d,w},A_{r,w})+P(A_{d,w},A_{r,w})\right]$$

$$(7-18)$$

（3）决策变量

光伏发电设备占用屋顶面积：$A_{d,w}$；

光热设备用屋顶面积：$A_{r,w}$。

2. 冷水机组＋锅炉为冷热源综合利用系统的数学优化模型

（1）约束条件

1）系统逐时电量平衡关系可表示为式（7-19）：

$$Q_f(h,A_{d,w})-Q_q(h)-Q_g(h,A_{r,w})=Q_s(h,A_{d,w},A_{r,w}) \quad (7-19)$$

式中　$Q_f(h,A_{d,w})$——光伏设备逐时发电量，kWh；

$\qquad Q_q(h)$——除供热与供冷设备以外的其他设备逐时用电量，kWh；

$Q_s(h,A_{d,w},A_{r,w})$——正值时代表逐时上网电量，负值时代表逐时消耗城市电网电量，kWh；

$\qquad Q_g(h,A_{r,w})$——供热与供冷系统逐时消耗电量，kWh；

$\qquad A_{d,w}$——光伏发电设备占用屋顶面积，m^2；

$\qquad A_{r,w}$——光热设备用屋顶面积，m^2。

第 h 时刻供热与供冷系统逐时消耗电量可表示为式（7-20）：

$$Q_g(h,A_{d,w},A_{r,w})=Q_{l,d}(h)+Q_{l qt,d}(h)+Q_{sp}(h) \quad (7-20)$$

式中　$Q_{l qt,d}(h)$——第 h 时刻冷却塔耗电量，kJ；

$\qquad Q_{l,d}(h)$——第 h 时刻冷水机组供冷工况耗电量，kJ；

$\qquad Q_{sp}(h)$——第 h 时刻输配系统耗电量，kJ。

2）系统逐时供热量平衡关系：

第 h 时刻集热器直接供热量可表示为式（7-21）：

$$Q_{j \cdot g}(h)=\begin{cases}Q_j(h), & Q_f(h)>Q_j(h) \\ Q_f(h), & Q_f(h)\leqslant Q_j(h)\end{cases} \quad (7-21)$$

第 h 时刻水箱余热量的热平衡方程可表示为式（7-22）：

$$Q_y(h)=\begin{cases}Q_y(h-1)+\hat{Q}(h)-Q_{g \cdot q}(h), & Q_y(h-1)\geqslant Q_{g \cdot q}(h) \\ 0, & Q_y(h-1)<Q_{g \cdot q}(h)\end{cases} \quad (7-22)$$

第 h 时刻由太阳能集热直接供热后不足的热量可表示为式（7-23）（不足热需求将由蓄热量与辅助热源供热）：

$$Q_{g \cdot q}(h)=\begin{cases}Q_j(h)-Q_f(h), & Q_f(h)-Q_j(h)<0 \\ 0, & Q_f(h)-Q_j(h)\geqslant 0\end{cases} \quad (7-23)$$

第 h 时刻水箱即时蓄热量可表示为式（7-24）：

$$\hat{Q}(h)=\begin{cases}Q_j(h)-Q_f(h), & Q_j(h)-Q_f(h)>0 \\ 0, & Q_j(h)-Q_f(h)\leqslant 0\end{cases} \quad (7-24)$$

第 h 时刻辅助热源供热量可表示为式（7-25）：

$$\widehat{Q}_{\text{fz}}(h)=\begin{cases}Q_{\text{g·q}}(h)-Q_{\text{y}}(h-1), & Q_{\text{y}}(h)=0\\ 0, & Q_{\text{y}}(h)\neq0\end{cases} \tag{7-25}$$

式中　$Q_{\text{j}}(h)$——第 h 时刻集热器集热量，kJ，可表示为式（7-26）；

$$Q_{\text{j}}(h)=\int_{h-1}^{h}\frac{3600\eta_{h}{}^{+}\cdot A_{\text{r,w}}/\cos\theta\cdot I(h)}{1000} \tag{7-26}$$

式中　θ——集热器安装倾角，°；

$I(h)$——第 h 时刻倾斜面的太阳辐照强度，W/m^2；

$Q_{\text{f}}(h)$——第 h 时刻供暖与热水所需热量，kJ。

第 h 时刻辅助热源供热量可表示为式（7-27）：

$$Q_{\text{f}}(h)=Q_{\text{f,g}}(h)+Q_{\text{f,r}}(h)=3600\times9.5\cdot Q_{\text{r,q}}(h)\cdot\eta(h) \tag{7-27}$$

式中　$Q_{\text{f,g}}(h)$——第 h 时刻供暖所需热量，kJ；

$Q_{\text{f,r}}(h)$——第 h 时刻供热水所需热量，kJ；

$Q_{\text{r,q}}(h)$——第 h 时刻天然气锅炉耗气量，Nm^3；

$\eta(h)$——第 h 时刻天然气锅炉的效率，取 0.9。

3）系统逐时供冷量平衡关系：

第 h 时刻供冷量可表示为式（7-28）：

$$Q_{l}(h)=Q_{l,\text{d}}(h)/COP_{l}(h) \tag{7-28}$$

式中　$Q_{l,\text{d}}(h)$——第 h 时刻空气源热泵供冷工况耗电量，kJ；

$COP_{l}(h)$——第 h 时刻空气源热泵供冷工况性能系数，W/W。

4）全年上网电量可表示为式（7-29）：

$$Q_{\text{s,w}}(A_{\text{d,w}},A_{\text{r,w}})=\sum_{h=0}^{h=8765}\begin{cases}Q_{\text{s}}(h,A_{\text{d,w}},A_{\text{r,w}}),Q_{\text{s}}(h,A_{\text{d,w}},A_{\text{r,w}})>0\\ 0,Q_{\text{s}}(h,A_{\text{d,w}},A_{\text{r,w}})<0\end{cases} \tag{7-29}$$

式中　$Q_{\text{s,w}}(A_{\text{d,w}},A_{\text{r,w}})$——全年上网电量，kWh。

5）全年市网消耗电量可表示为式（7-30）：

$$Q_{\text{s,x}}(A_{\text{d,w}},A_{\text{r,w}})=\sum_{h=0}^{h=8765}\begin{cases}|Q_{\text{s}}(h,A_{\text{d,w}},A_{\text{r,w}})|,Q_{\text{s}}(h,A_{\text{d,w}},A_{\text{r,w}})<0\\ 0,Q_{\text{s}}(h,A_{\text{d,w}},A_{\text{r,w}})>0\end{cases} \tag{7-30}$$

式中　$Q_{\text{s,x}}(A_{\text{d,w}},A_{\text{r,w}})$——全年城市电网消耗电量，kWh。

6）全年能耗量（以电量来算）可表示为式（7-31）：

$$Q_{\text{n,h}}(A_{\text{d,w}},A_{\text{r,w}})=Q_{\text{s,x}}(A_{\text{d,w}},A_{\text{r,w}})-Q_{\text{s,w}}(A_{\text{d,w}},A_{\text{r,w}}) \tag{7-31}$$

式中　$Q_{\text{n,h}}(A_{\text{d,w}},A_{\text{r,w}})$——全年能耗量（以电量来算），kWh。

7）屋顶面积有限约束可表示为式（7-32）：

$$A_{\text{d,w}}+A_{\text{r,w}}\leqslant A_{\text{w}} \tag{7-32}$$

式中　A_{w}——屋顶面积，m^2。

8）运行费用：

运行费用可表示为式（7-33）：

$$P(A_{\text{d,w}},A_{\text{r,w}})=P_{\text{w}}(A_{\text{d,w}},A_{\text{r,w}})+$$

$$\sum_{h=0}^{h=8765}\left\{\left[Q_{\text{f}}(h,A_{\text{d,w}})-\begin{cases}Q_{\text{s}}(h,A_{\text{d,w}},A_{\text{r,w}}),Q_{\text{s}}(h,A_{\text{d,w}},A_{\text{r,w}})>0\\ 0\end{cases}\right]\times0.42+\right.$$

$$
\begin{cases}
Q_{s}(h,A_{d,w},A_{r,w})\cdot(\text{标杆电价}+0.42),Q_{s}(h,A_{d,w},A_{r,w})>0 \\
0,Q_{s}(h,A_{d,w},A_{r,w})\leqslant 0
\end{cases}
$$

$$
\left. \begin{cases}
|Q_{s}(h,A_{d,w},A_{r,w})|\cdot(\text{市网电价}),Q_{s}(h,A_{d,w},A_{r,w})<0 \\
0,Q_{s}(h,A_{d,w},A_{r,w})\geqslant 0
\end{cases} \right\} + \text{气价}\cdot\sum_{h=0}^{h=8765}Q_{r,q}(h)
$$

$$(7\text{-}33)$$

式中 $P(A_{d,w},A_{r,w})$——年运行费用，元；

$\quad\quad P_{w}(A_{d,w},A_{r,w})$——年维护费用（光伏系统与供暖系统），元。

9）年计算费用：

利用动态分析法进行技术经济分析，年计算费用可表示为式（7-34）：

$$Z(A_{d,w},A_{r,w})=\theta_{g}K(A_{d,w},A_{r,w})+P(A_{d,w},A_{r,w})=$$

$$\frac{i(1+i)^{n}}{(1+i)^{n}-1}K(A_{d,w},A_{r,w})+P(A_{d,w},A_{r,w}) \quad\quad (7\text{-}34)$$

式中 Z——年计算费用，元/a；

$\quad\quad K$——初投资，元；

$\quad\quad i$——利率/收益率，%，本书取 8%；

$\quad\quad n$——生产期，这里取集热器的寿命，15a；

$\quad\quad P$——运行费用；

$\quad\quad \theta_{g}$——资金回收系数。

（2）目标函数

1）从节能最优角度考虑，目标函数可表示为式（7-35）：

$$S=\min\left[Q_{n,h}(A_{d,w},A_{r,w})\cdot 0.315+1.2143\cdot\sum_{h=0}^{h=8765}Q_{r,q}(h)\right]$$

$$=\min\left[Q_{s,x}(A_{d,w},A_{r,w})-Q_{s,w}(A_{d,w},A_{r,w})\right]+1.2143\cdot\sum_{h=0}^{h=8765}Q_{r,q}(h) \quad (7\text{-}35)$$

2）从经济最优角度考虑，目标函数可表示为式（7-36）：

$$S=\min\left[Z(A_{d,w},A_{r,w})\right]=\min\left[\frac{i(1+i)^{n}}{(1+i)^{n}-1}K(A_{d,w},A_{r,w})+P(A_{d,w},A_{r,w})\right]$$

$$(7\text{-}36)$$

（3）决策变量

光伏发电设备占用屋顶面积：$A_{d,w}$；

光热设备用屋顶面积：$A_{r,w}$。

7.1.3 太阳能光热与光伏耦合模型的求解方法

综合利用系统可根据图 7-2 给出的求解流程，利用 MATLAB 软件编制求解程序进行求解。

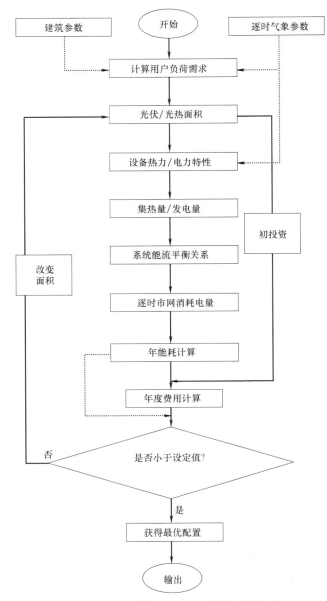

图 7-2　太阳能综合利用系统数学求解流程

7.1.4　节能性与经济性优化方法的归一化表述

由于采用节能性与采用经济性双目标优化的结果可能会不同，为此，本章提出了节能性与经济性的归一化方法，通过将节能性与经济性转换为量纲单位一致的物理量，使得节能性与经济性统一，如图 7-3 所示。节能性与经济性的归一化表述的总体思路：将项目相比于传统系统的节能量，折合标准煤后，根据排放因子转换为减少碳的排放量，利用碳交易市场价格，将其转换为节约的运行费用，加入年计算费用目标函数，则可获得新的综合经济性优化目标函数，如式（7-37）所示。

$$S = \min[Z(A_{d,w}, A_{r,w})] =$$

$$\min\left[\frac{i(1+i)^n}{(1+i)^n-1}K(A_{d,w}, A_{r,w}) + P(A_{d,w}, A_{r,w}) + P_t(A_{d,w}, A_{r,w})\right] \quad (7\text{-}37)$$

式中　$P_t(A_{d,w}, A_{r,w})$——节能量所获得的碳交易费用，kWh。

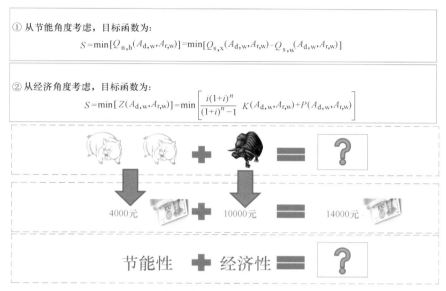

① 从节能角度考虑，目标函数为：

$$S = \min[Q_{n,h}(A_{d,w}, A_{r,w})] = \min[Q_{s,x}(A_{d,w}, A_{r,w}) - Q_{s,w}(A_{d,w}, A_{r,w})]$$

② 从经济角度考虑，目标函数为：

$$S = \min[Z(A_{d,w}, A_{r,w})] = \min\left[\frac{i(1+i)^n}{(1+i)^n-1}K(A_{d,w}, A_{r,w}) + P(A_{d,w}, A_{r,w})\right]$$

图 7-3　节能性与经济性归一化表述思路

7.2　典型地区案例的优化分析

本章以太阳能资源丰富区（Ⅱ区）典型地区的典型建筑为例，对该地区太阳能光伏光热综合利用系统进行分析。

7.2.1　典型地区选取

从气候特征分析可知，太阳能资源丰富区（Ⅱ区）包括的热工气候区为严寒地区、寒冷地区、温和地区，从气候分区、太阳能资源禀赋、经济条件等多方面综合考虑，分别选择西宁、银川、西昌作为本次的典型地区。

西宁最冷月平均气温为-7.4℃，极端最低温度为-24.9℃，日平均温度≤ 5℃的天数为 162d，属于建筑热工分区的严寒地区；银川最冷月平均气温为-8.0℃，极端最低温度为-27.7℃，日平均温度≤ 5℃的天数为 137d，属于建筑热工分区的寒冷地区；西昌最冷月平均气温为 9.8℃，极端最低温度为-3.8℃，日平均温度≤ 5℃的天数为 14d，属于建筑热工分区的温和地区。西宁的年日照时数为 2400~3000h，年日照百分率为 62%；银川的年日照时数为 2800~3000h，年日照百分率 69%；西昌的年日照时数为 2423.1h，年日照百分率为 55%；西宁、西昌和银川属于太阳能资源较丰富区（Ⅱ区）。选取这三个地区对太阳能资源较丰富区（Ⅱ区）的严寒地区、寒冷地区和温和地区太阳能综合利用特征分别展开研究，具有较好的代表意义。

7.2.2 典型建筑模型

根据研究区域建筑特点，选取公共建筑中量大面广的酒店、办公与商场建筑作为典型建筑进行分析，供暖负荷计算采用 EnergyPlus 软件，进行全年动态负荷计算，建筑模型如图 7-4 所示。

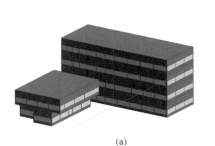 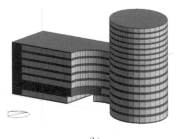 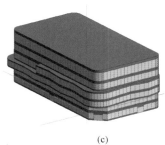

(a)	(b)	(c)
4 层，建筑面积为 4785.7m²，屋面可利用面积约为 700m²。	15 层，建筑面积为 52585.2m²，屋面可利用面积约为 3200m²。	3 层，建筑面积为 83300m²，屋面可利用面积约为 12000m²。

图 7-4 太阳能资源丰富区（Ⅱ区）典型建筑模型
(a) 办公；(b) 酒店；(c) 商业

7.2.3 计算条件输入

1. 气象参数及围护结构

计算用气象参数采用《中国建筑热环境分析专用气象数据集》中的典型气象年数据，建筑围护结构热工参数按照《公共建筑节能设计标准》GB 50189—2005 设计，主要围护结构参数见表 7-1。

<table>
<tr><td colspan="3">典型建筑概况表</td><td>表 7-1</td></tr>
<tr><td>编号</td><td>气候区</td><td colspan="2">围护结构热工参数</td></tr>
<tr><td>1</td><td>严寒地区</td><td colspan="2">屋顶：0.321W/(m²·K)
外墙：0.426W/(m²·K)
外窗：2.0W/(m²·K)</td></tr>
<tr><td>2</td><td>寒冷地区</td><td colspan="2">屋顶：0.439W/(m²·K)
外墙：0.487W/(m²·K)
外窗：2.2W/(m²·K)</td></tr>
<tr><td>3</td><td>温和地区</td><td colspan="2">屋顶：0.773W/(m²·K)
外墙：0.487W/(m²·K)
外窗：2.7W/(m²·K)</td></tr>
</table>

2. 供暖季及空调季时间

供暖时间为 11 月～次年 3 月，空调时间为 5～9 月。供暖、空调室内设定温度及每日使用时间段如表 7-2 所示。

供暖、空调室内设定温度及每日使用的时间段划分　　　　表 7-2

建筑类型	供暖、空调使用时间段	供暖室内设定温度(℃)	空调室内设定温度(℃)
商业	08:00～22:00	20	25
酒店餐厅	05:00～23:00	18	25
酒店公寓	24h	20	25
办公	06:00～19:00	20	26

3. 人员密度、照明及设备功率设定

照明开关时间、人员逐时在室率、电器设备逐时使用率、照明功率密度、人员密度、设备功率密度及时刻表按照《公共建筑节能设计标准》GB 50189—2015 并结合实际工程情况确定。人员密度、照明及设备功率设定见表 7-3～表 7-5。

商业人员密度、照明及设备功率设定情况汇总　　　　表 7-3

区域	商业区	走道	其他非空调区域
人员密度(人/m²)	0.25	0.1	略
照明(kW/m²)	12	12	略
设备(kW/m²)	13	5	略

酒店人员密度、照明及设备功率设定情况汇总　　　　表 7-4

区域	商业区	大厅及走道	餐厅	茶吧	厨房	公寓	其他非空调区域
人员密度(人/m²)	0.2	0.2	0.6	0.2	0.2	0.05	略
照明(kW/m²)	12	15	20	12	12	15	略
设备(kW/m²)	13	5	10	10	45	13	略

办公人员密度、照明及设备功率设定情况汇总　　　　表 7-5

区域	办公区	餐厅	厨房	报告厅	档案室、展览室、门厅等	其他非空调区域
人员密度(人/m²)	0.2	0.6	0.1	0.2	0.1	略
照明(kW/m²)	12	10	12	12	12	略
设备(kW/m²)	20	10	45	10	5	略

4. 热水负荷分析设定

酒店热水负荷计算依照《建筑给水排水设计规范》GB 50015—2003 的相关要求进行设置。负荷计算参数见表 7-6，不同地区酒店热水负荷计算见表 7-7～表 7-9。

负荷计算参数　　　　表 7-6

地区	当地大气压(kPa)	热水设计温度(℃)	冷水设计温度(℃)
西宁	77.4	60	10
银川	88.4	60	10
西昌	83.5	60	15

注：淋浴热水设计温度：40℃。

西宁酒店设计小时热水负荷   表 7-7

耗热区域	餐厅	酒店式公寓	桑拿	茶座	淋浴	游泳池水面蒸发热损失	游泳池传导热量损失	游泳池补充水加热的热量
耗热量(kW)	214.6	23	15.5	5.4	255.9	33.9	6.8	4.5
总耗热量(kW)					559.5			

银川酒店设计小时热水负荷   表 7-8

耗热区域	餐厅	酒店式公寓	桑拿	茶座	淋浴	游泳池水面蒸发热损失	游泳池传导热量损失	游泳池补充水加热的热量
耗热量(kW)	214.6	23	15.5	5.4	255.9	29.6	5.9	4.5
总耗热量(kW)					554.5			

西昌酒店设计小时热水负荷   表 7-9

耗热区域	餐厅	酒店式公寓	桑拿	茶座	淋浴	游泳池水面蒸发热损失	游泳池传导热量损失	游泳池补充水加热的热量
耗热量(kW)	187.8	20.2	13.6	4.8	223.9	31.4	6.3	3.1
总耗热量(kW)					554.5			

利用某自来水厂全年水温数据及当地气温资料的统计分析，得到气温与自来水水温的关系如式（7-38）所示，可以计算得到不同地区酒店逐月的热水动态负荷。为进一步实现热水的逐时负荷计算，对酒店 24h 不同类型房间的工作时间进行设定，如表 7-10 所示。

$$t = 4.6731 e^{0.0511T} \tag{7-38}$$

式中　t——水温，℃；

　　　T——气温，℃。

酒店不同类型房间工作设定   表 7-10

房间类型时刻	酒店式公寓	餐厅	桑拿	茶座	游泳	淋浴
7:00～9:00	√	√				
9:00～11:00	√		√	√	√	√
11:00～13:00	√	√	√	√	√	√
13:00～18:00			√	√	√	√
18:00～22:00	√	√	√	√	√	√
22:00～24:00	√					
24:00～7:00						

7.2.4　典型建筑负荷特性分析

结合上述输入条件，对典型公共建筑负荷进行了计算。

1. 冷/热负荷特性

不同地区逐时负荷分布特征见图 7-5～图 7-7。

2. 电负荷特性

对除供暖空调设备外的其他用电负荷进行了详细模拟计算外，典型日商业建筑、办公建筑、酒店建筑其他用电设备电负荷曲线如图 7-8 所示。

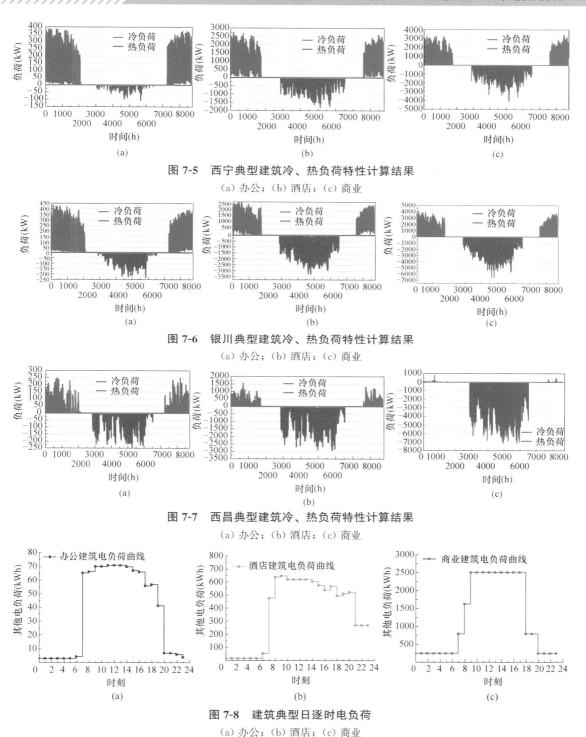

图 7-5 西宁典型建筑冷、热负荷特性计算结果

（a）办公；（b）酒店；（c）商业

图 7-6 银川典型建筑冷、热负荷特性计算结果

（a）办公；（b）酒店；（c）商业

图 7-7 西昌典型建筑冷、热负荷特性计算结果

（a）办公；（b）酒店；（c）商业

图 7-8 建筑典型日逐时电负荷

（a）办公；（b）酒店；（c）商业

3. 热水负荷特性

利用设定的热水负荷条件，分别对不同地区的酒店进行了逐时热水负荷计算。用水单位人数、热水用水定额、热水温度、小时变化系数等均按照现行国家标准《建筑给水排水

设计标准》GB 50015 并结合实际工程情况确定。计算得出逐时热水负荷特征如图 7-9～图 7-11 所示。

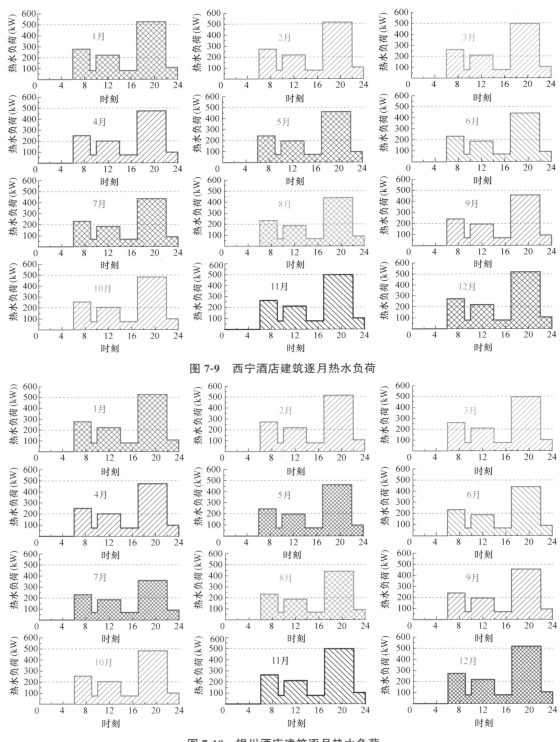

图 7-9　西宁酒店建筑逐月热水负荷

图 7-10　银川酒店建筑逐月热水负荷

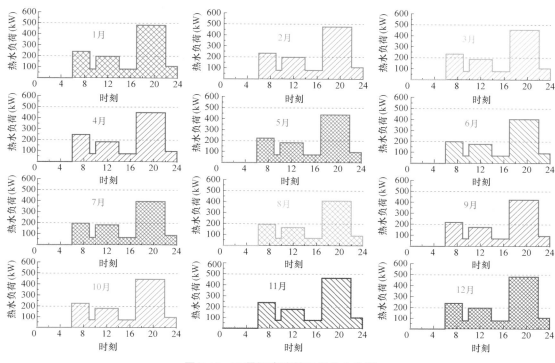

图 7-11　西昌酒店建筑逐月热水负荷

7.2.5　基于节能性评价的耦合优化分析

图 7-12～图 7-14 分别给出了西宁、银川、西昌屋顶光热/光电面积变化对典型建筑太阳能综合利用系统年耗电量的影响。

1. 空气源热泵为冷热源

从图 7-12～图 7-14 可以看出，地处严寒地区的西宁与地处寒冷地区的银川优化结果较为一致：办公建筑最佳屋面光伏/光热面积比约为 2:1；酒店建筑以屋顶全部采用光热设备为最佳；商业建筑最佳屋面光伏/光热面积比约为 4:1；地处温和地区的西昌优化结

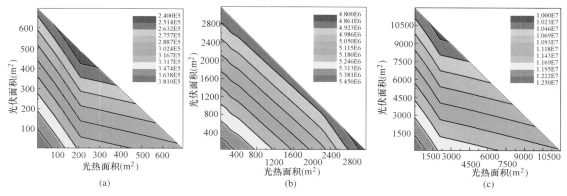

图 7-12　西宁典型建筑光热/光电面积对年耗电量的影响（空气源热泵）

（a）办公；（b）酒店；（c）商业

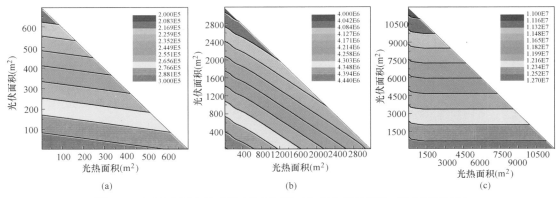

图 7-13　西昌典型建筑光热/光电面积对年耗电量的影响（空气源热泵）
(a) 办公；(b) 酒店；(c) 商业

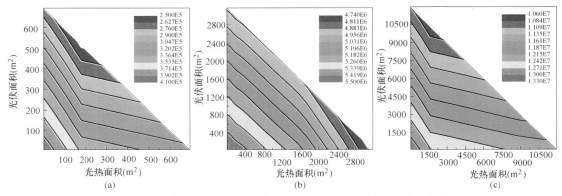

图 7-14　银川典型建筑光热/光电面积对年耗电量的影响（空气源热泵）
（a）办公；（b）酒店；（c）商业

果有着显著差异，三类典型建筑均以屋顶全部采用光伏设备为最佳。得出上述结论的主要原因是：

西昌为温和地区，太阳能热需求远小于其他两个地区，太阳能光热集热量未能得到充分利用，降低了光热系统的利用效率，虽然太阳能光热集热效率高于太阳能光伏发电效率，但考虑了光伏发电驱动空气源热泵产热的能量倍增作用后，光热设备节能性低于光伏设备。

酒店建筑具有大量的热水负荷需求，建筑层数较多（15层）时，太阳能光热设备集热量可充分利用，同时由于西宁和银川冬季气温低，空气源热泵制热性能系数较低，故以屋顶全部采用光热设备为最佳。

2. 天然气锅炉＋冷水机组为冷热源

从图 7-15～图 7-17 可以看出，地处严寒地区的西宁与地处寒冷地区的银川优化结果较为一致，办公建筑最佳屋面光伏/光热面积比约为 2.5：1；酒店建筑以屋顶全部采用光热设备为最佳；商业建筑最佳屋面光伏/光热面积比约为 5：1。地处温和地区的西昌优化结果有着显著差异，没有热水负荷的办公与商业建筑以屋顶全部采用光伏设备为最佳，拥有大量热水负荷的酒店建筑以屋顶全部采用光热设备为最佳。由于采用天然气锅炉的节能性低于空气源热泵，导致太阳能光热系统的优势有所上升。

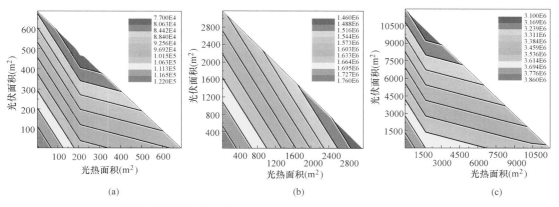

图 7-15　西宁典型建筑光热/光电面积对年耗电量的影响（天然气锅炉＋冷水机组）
（a）办公；（b）酒店；（c）商业

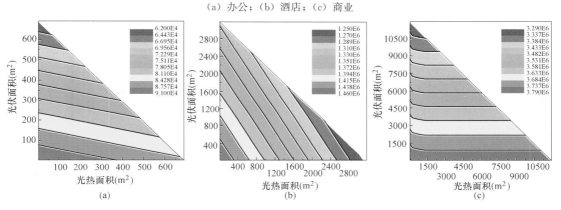

图 7-16　西昌典型建筑光热/光电面积对年耗电量的影响（天然气锅炉＋冷水机组）
（a）办公；（b）酒店；（c）商业

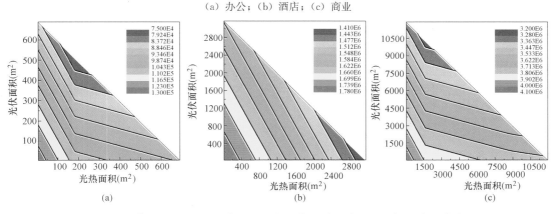

图 7-17　银川典型建筑光热/光电面积对年耗电量的影响（天然气锅炉＋冷水机组）
（a）办公；（b）酒店；（c）商业

7.2.6　基于经济性评价的耦合优化分析

1. 空气源热泵为冷热源综合利用系统计算结果

图 7-18～图 7-20 分别给出了屋顶光热/光电面积变化对西宁、银川、西昌三地年计算

费用的影响。地处严寒地区的西宁与地处寒冷地区的银川办公建筑最佳屋顶光热/光电面积比分别约为 2∶1、2.5∶1；酒店建筑均以屋顶全部采用光伏设备为最佳；两地商业建筑最佳屋顶光热/光电面积比约为 4∶1。地处温和地区的西昌三类典型建筑均为屋顶全部采用光伏太阳能设备最佳。

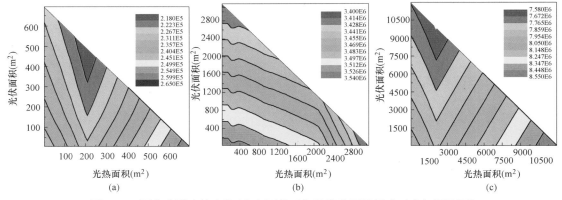

图 7-18　西宁典型建筑光热/光电面积对年计算费用的影响（空气源热泵）
（a）办公；（b）酒店；（c）商业

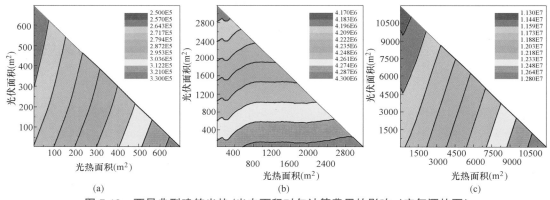

图 7-19　西昌典型建筑光热/光电面积对年计算费用的影响（空气源热泵）
（a）办公；（b）酒店；（c）商业

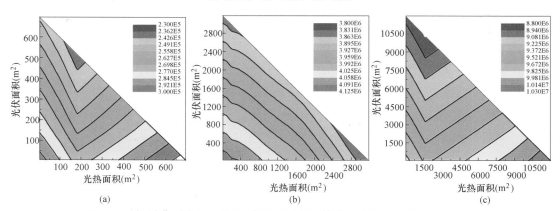

图 7-20　银川典型建筑光热/光电面积对年计算费用的影响（空气源热泵）
（a）办公；（b）酒店；（c）商业

2. 天然气锅炉＋冷水机组为冷热源综合利用系统计算结果

图 7-21～图 7-23 分别给出了屋顶光热/光电面积变化对西宁、银川、西昌三地年计算费用的影响。地处严寒地区的西宁与地处寒冷地区的银川办公建筑最佳屋顶光热/光电面积比分别约为 2：1、2.5：1；酒店建筑均以屋顶全部采用光伏设备为最佳；两地商业建

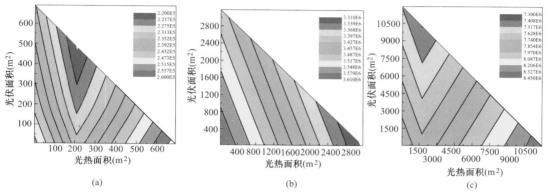

图 7-21　西宁典型建筑光热/光电面积对年计算费用的影响（天然气锅炉＋冷水机组）

（a）办公；（b）酒店；（c）商业

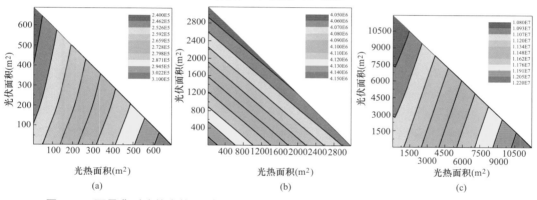

图 7-22　西昌典型建筑光热/光电面积对年计算费用的影响（天然气锅炉＋冷水机组）

（a）办公；（b）酒店；（c）商业

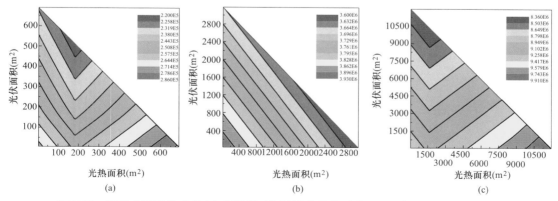

图 7-23　银川典型建筑光热/光电面积对年计算费用的影响（天然气锅炉＋冷水机组）

（a）办公；（b）酒店；（c）商业

筑最佳屋顶光热/光电面积比约为 4：1。地处温和地区的西昌三类典型建筑均为屋顶全部采用光伏太阳能设备最佳。

7.3 优化结果的影响因素及整体性能评估

7.3.1 节能性与经济性的归一化计算

不同污染物碳排放系数如表 7-11 所示。

碳排放系数表 表 7-11

污染物类型	CO_2	C
排放系数（t/tce）	2.7725	0.68

碳交易价格如图 7-24 所示，计算采用平均值（30 元/t）作为项目分析的依据。

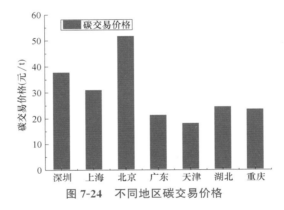

图 7-24 不同地区碳交易价格

利用节能性与经济性归一化方法，计算了西宁酒店建筑光热/光电面积对年计算费用与综合费用的影响，结果如图 7-25 所示。由于建筑年能耗量较低（年能耗量通常低于

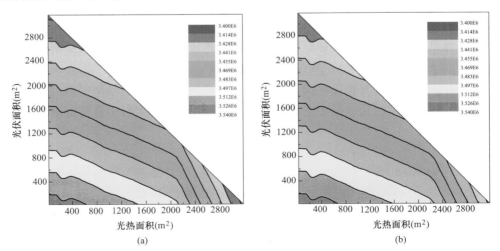

图 7-25 西宁酒店建筑光热/光电面积对年计算费用与综合费用的影响（空气源热泵）
（a）年计算费用；（b）年综合费用

1000tce），以及碳交易价格不高（30 元/t），导致节能量转换为经济性后，对项目最优分析产生的影响很小（节能性产生的经济效益通常低于 3 万元/a），即以考虑了节能性的综合费用为目标与年计算费用为目标并不影响项目最优配比。为此，本节最终仍然以年计算费用最低作为主要的优化目标函数。

7.3.2　财政补贴与税收对系统年计算费用的影响

图 7-26 给出了财政补贴对西宁办公建筑太阳能系统经济性的影响，可以看出对以光伏利用为主的太阳能综合利用系统，当光伏发电的财政补贴取消后，年计算费用上升了约 20%，对经济性具有较大影响；当光伏发电取消交税后，年计算费用下降了约 5%，对经济性具有一定影响，但其影响程度远小于财政补贴。

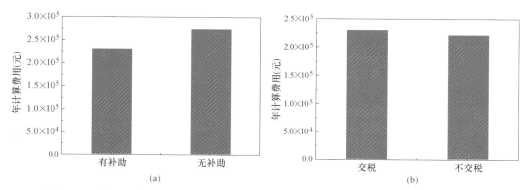

图 7-26　财政补贴及税收对太阳能系统经济性的影响（西宁办公建筑、空气源热泵）

（a）财政补贴的影响；（b）税收的影响

7.3.3　楼层数量对最优系统光伏/光热面积比的影响

图 7-27、图 7-28 给出了楼层变化对不同建筑太阳能综合利用系统经济性的影响（西宁）。对于酒店建筑，随着楼层的增加，光伏系统发电中的自用比例不断上升，而光伏发电自用产生的经济效益高于上网发电（自用电价为 0.42 元＋售电价格，上网电价为标杆电价 0.3247＋0.42），导致其经济效益增强；对于办公建筑，随着楼层的增加，太阳能集热器比例增加开始占优势，光伏/光热面积比从 5∶1 过渡到 1∶2；对于商业建筑，随着楼层的增加，太阳能集热器比例增加开始占优势，光伏/光热面积比从 7∶1 过渡到 3∶1。

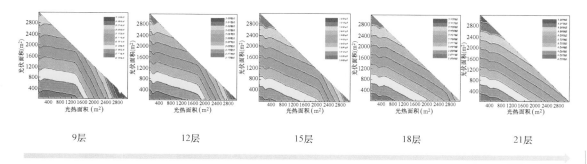

图 7-27　楼层变化对太阳能系统经济性的影响（西宁酒店建筑、空气源热泵）

图 7-29～图 7-34 给出了其余地区不同建筑楼层变化对系统最优配置结果的影响，对于酒店建筑，光伏和光热设备造成的系统经济性差距缩小（非供暖季节存在热水负荷，延长了集热系统利用时间），随着建筑特征的变化，最佳的太阳能利用方式可能是屋面全部铺满光伏设备，也可能是屋面全部铺满光热设备，需根据具体项目单独进行计算确定，具体结果不再一一阐述。

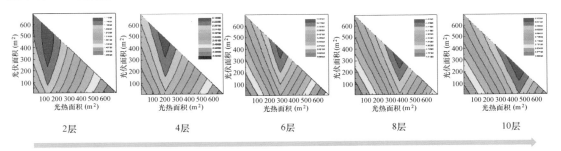

图 7-28　楼层变化对太阳能系统经济性的影响（西宁办公建筑、空气源热泵）

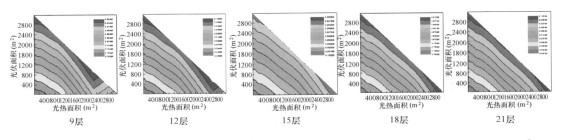

图 7-29　楼层变化对太阳能系统经济性的影响（银川酒店建筑、空气源热泵）

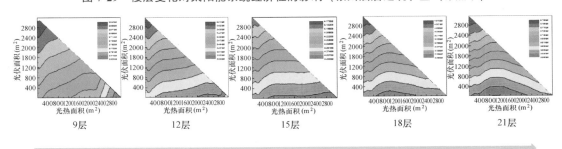

图 7-30　楼层变化对太阳能系统经济性的影响（西昌酒店建筑、空气源热泵）

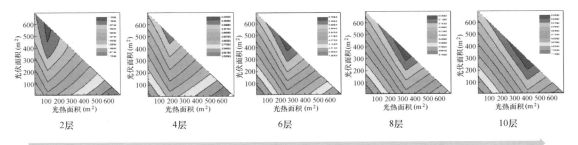

图 7-31　楼层变化对太阳能系统经济性的影响（银川办公建筑、空气源热泵）

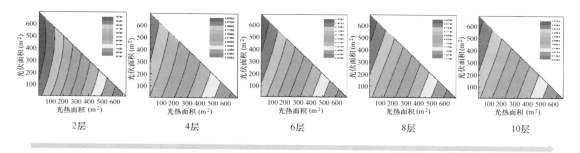

图7-32　楼层变化对太阳能系统经济性的影响（西昌办公建筑、空气源热泵）

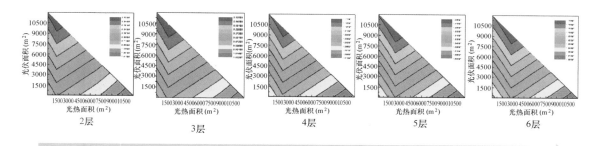

图7-33　楼层变化对太阳能系统经济性的影响（银川商场建筑、空气源热泵）

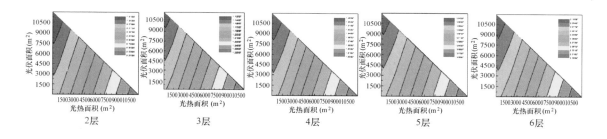

图7-34　楼层变化对太阳能系统经济性的影响（西昌商场建筑、空气源热泵）

7.3.4　典型系统整体性能特征分析

图7-35给出了西宁办公建筑太阳能综合利用系统最优时的全年性能评估结果，上网电量占光伏系统发电量的比例在5.9%～14.8%之间，在供暖季节该比例较小，非供暖季节该比例较大，全年上网电量占光伏系统发电量的比例的平均值为10.0%。

整个建筑全年耗电量指标为67.77kWh/m²，其中消耗市电的耗电量指标为53.13kWh/m²，太阳能光伏自用电量指标为14.64kWh/m²，若扣除太阳能光伏系统输送至电网的电量反馈，则整个建筑实际消耗电力指标为66.0kWh/m²。光伏系统发电自用部分占建筑总用电量的比例在9.9%～30.6%之间，其中非供暖季节光伏系统发电自用部分占建筑用电量的比例高于供暖季节，建筑全年耗电量的21.6%由光伏发电系统供给。与采用使用常规电能源系统的建筑相比，该主动式太阳能建筑全年实际消耗电力减少了约22%。

光伏发电全年上网电量与建筑全年消耗市网电量的比值约为 3.1%，若以全年为一个周期进行评价，扣除上网电量后，实际市网消耗电量为建筑全年合计消耗电量的 76%，即若考虑主动式太阳能建筑对市网的贡献，则该主动式建筑全年节能率约为 24%。

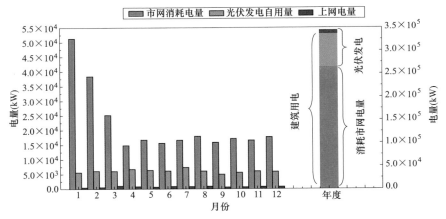

图 7-35　西宁办公建筑最优化系统的全年性能评估（空气源热泵）

本章参考文献

［1］　Pengfei Si，Yang Feng，Yuexiang LV，Xiangyang Rong，An optimization method applied to active solar energy systems for buildings in cold plateau areas-The case of Lhasa［J］. Applied Energy，2016，194（05）：487-498.

［2］　戎向阳，司鹏飞，刘希臣，杨正武. 一种适用于高原寒冷地区建筑的主动式太阳能系统优化方法［P］. 201510750392.8. 2018-6-9，中国.

［3］　中国建筑西南设计研究院有限公司. 高原寒冷地区建筑的太阳能光伏光热综合利用优化计算程序软件 V1.0. 软件著作编号 2015SR276701，原始取得，全部权利，2015-11-08.

第8章 组合式被动太阳能供暖工程实践

8.1 项目概况

8.1.1 气候特征

"暖巢一号"是由中国扶贫基金会发起，洪钢和徐真夫妇资助的大型公益项目"暖巢行动"的启动项目。项目所在地为若尔盖县下热尔村小学，学校地处青藏高原东北边缘，原有的学生宿舍用以前的教室改建而成，冬季室内温度常在 0℃ 以下，生活条件极其艰苦，室内热环境极差，如图 8-1 所示。

图 8-1　若尔盖县下热尔村小学

项目所在地若尔盖县（气象参数如图 8-2 所示），平均海拔 3500m，年平均气温

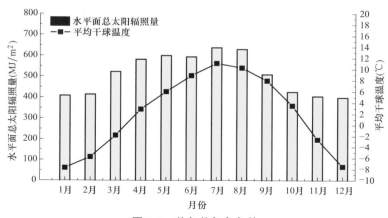

图 8-2　若尔盖气象条件

1.1℃，气候分区中属于严寒地区，全年需供暖天数为227d，供暖期平均温度−2.9℃，供暖耗热量大。

8.1.2 建筑概况

建筑为砖混结构，地上3层，建筑面积约1200m²。常规能源匮乏，太阳辐射资源丰富，本项目采用被动式太阳能建筑技术实现建筑供暖。

8.2 被动太阳能供暖方案设计

8.2.1 朝向设计

为了获得更多的太阳能，将原宿舍规划的东西朝向，调整为南北向。同时，比较了正南向和南偏东15°、24°后（图8-3），室内极端最低温度情况（正南向时极端最低温度为8℃，南偏东24°时极端最低温度为5℃，南偏东15°时极端最低温度为7℃），综合建筑场地效果，选择了南偏东15°布局（图8-4）。

工况一：建筑正南向　　　　工况二：南偏东24°　　　　工况三：南偏东15°

图8-3　建筑朝向优化

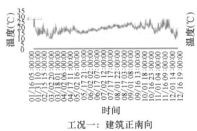 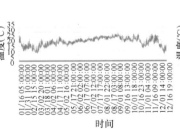 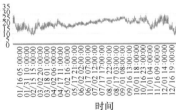

工况一：建筑正南向　　　　工况二：南偏东24°　　　　工况三：南偏东15°

图8-4　不同朝向室内温度变化情况

8.2.2 立面设计

为了尽可能多的获得太阳得热，本项目充分利用南向围护结构的集热作用，除去承重墙部分外，全部设置为阶跃传热的透明围护结构，并在承重墙外设置玻璃幕墙，形成特朗勃墙，进一步提高建筑得热。因此，本项目南向围护结构得热是由直接受益窗和特朗勃墙组合而成的被动太阳能利用方式（工作原理见第3章）。北向墙体为不利朝向范围，为了防止热量散失，仅依据建筑美观效果和自然采光要求，设置了小面积窗户，减少由于温差传热和冷风渗透引起的热量散失（图 8-5）。

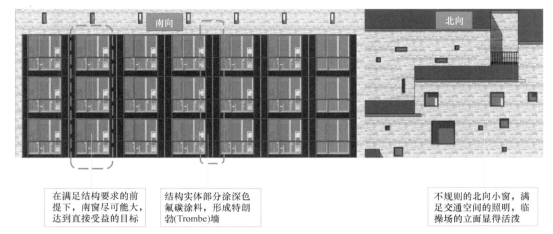

南向　　　　　　　　　　　　　　　　　北向

在满足结构要求的前提下，南窗尽可能大，达到直接受益的目标

结构实体部分涂深色氟碳涂料，形成特朗勃(Trombe)墙

不规则的北向小窗，满足交通空间的照明，临操场的立面显得活泼

图 8-5　建筑立面设计

8.2.3　平面设计

为了使太阳得热得到充分利用，将主要功能房间布置在南侧，走廊设置于北向，同时作为主要功能房间的热缓冲空间，起到保温作用。标准房间尺寸为 3.30m×6.00m×3.00m（开间×进深×高度），如图 8-6 所示。

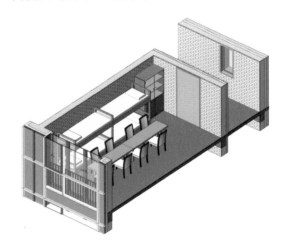

图 8-6　标准房间设计

8.2.4　构造设计

南向采用了阶跃传热透明围护结构模式（工作原理见第 3 章），如图 8-7 所示。非透明外墙采用了夹心保温，由内到外依次为 240mm 页岩砖墙、80mm 聚氨酯保温、120mm 页岩砖墙，南向采用了阶跃传热的透明围护结构模式（单玻外侧窗与双层中空内侧窗组成），建筑围护结构相关参数如表 8-1 所示[1-3]。

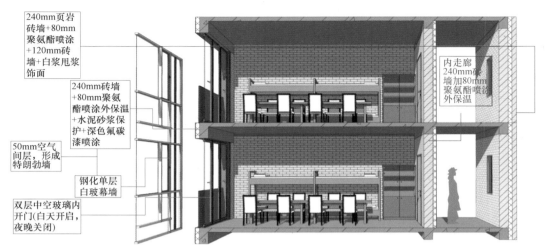

240mm页岩砖墙+80mm聚氨酯喷涂+120mm砖墙+白浆甩浆饰面

240mm砖墙+80mm聚氨酯喷涂外保温+水泥砂浆保护+深色氟碳漆喷涂

50mm空气间层，形成特朗勃墙

钢化单层白玻幕墙

双层中空玻璃内开门（白天开启，夜晚关闭）

内走廊240mm砖墙加80mm聚氨酯喷涂外保温

图 8-7　建筑围护结构构造

建筑围护结构设计参数表　　　　　　　　　　　表 8-1

类别	值
体形系数	0.5
建筑层数	3
外层玻璃厚度	6 mm
外层玻璃 U 值	5.5 W/(m^2 · K)
外层玻璃太阳光透射比	0.82
内窗户构造层厚度	6Low-E＋12 空气＋6
内窗户 U 值	2.5 W/(m^2 · K)
内窗太阳光透射比	0.51
屋面 U 值	0.28 W/(m^2 · K)
外墙 U 值	0.30 W/(m^2 · K)

8.2.5　开口设计

对供暖期建筑物的风场进行模拟分析（见图 8-8），合理布置出入口，同时门斗设计

压力(Pa)
5.132770
3.994426
2.856081
1.717736
0.579392
-0.558952
-1.697297
-2.835641
-3.973986
-5.112330
-6.250674
-7.389019
-8.527363
-9.665708
-10.80405
-11.94240
-13.08074

压力(Pa)
5.132770
3.994426
2.856081
1.717736
0.579392
-0.558952
-1.697297
-2.835641
-3.973986
-5.112330
-6.250674
-7.389019
-8.527363
-9.665708
-10.80405
-11.94240
-13.08074

图 8-8　建筑表面压力分布

可增加空气流动阻力，减少冷风渗透。

8.2.6　室内温度模拟预测

为了更准确地评估建筑各房间室内温度动态分布结果，采用 Energyplus 软件对建筑室内温度进行了模拟计算，结果如图 8-9 和图 8-10 所示。从图中可以看出，最不利房间（顶层端头房间）全年室内的最低温度在 3℃ 左右，全年大多数情况室内最低温度在 8℃ 左右；最有利房间（二层中间房间）全年室内的最低温度在 8℃ 左右，全年大多数情况室内最低温度在 12℃ 左右。

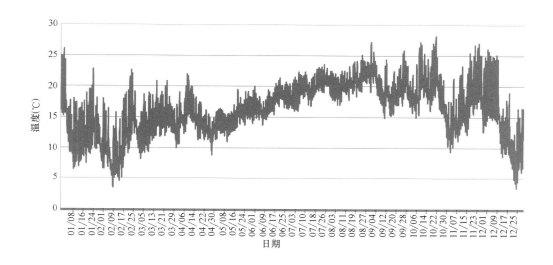

图 8-9　最不利房间室内温度模拟结果

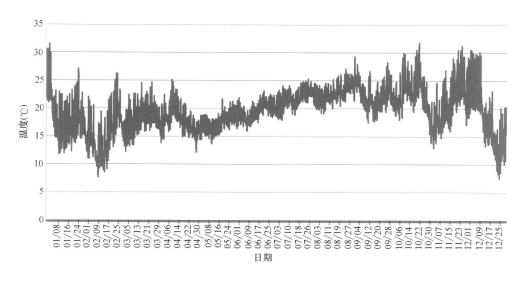

图 8-10　最有利房间室内温度模拟结果

8.3 运行效果测评

"暖巢一号"建成实景照片如图 8-11 所示。为了验证阶跃传热的透明围护结构的应用效果，在四川阿坝某小学宿舍楼中采用了该技术，并于 2017 年 1 月 12 日到 1 月 18 日进行了测试。

南立面

北立面

图 8-11 "暖巢一号"建成实景照片

8.3.1 测试方案

测试时室内无主动供暖措施，主要测试参数有室内空气温度、室外空气温度、太阳辐射强度等，主要测试仪器如表 8-2 所示。测试房间编号如图 8-12 所示。测试期间，房间阶跃控制策略为内侧窗早晨 9:00 开启，下午 18:00 点关闭。

测试仪器参数表   表 8-2

测试参数	测试仪器	测量精度	采样频率
室内空气温度	HOBO UX100-011 温湿度自记仪	±0.2℃	次/15min
室外空气温度	HOBO UX100-011 温湿度自记仪	±0.2℃	次/15min
水平面总辐射强度	TES-132 太阳辐射测量仪	10W/m²	次/15min

图 8-12 "暖巢一号"测试房间编号

室内空气温度的测试根据《民用建筑室内热湿环境评价标准》GB/T 50785—2012，该建筑测试房间面积超过 $16m^2$ 但不足 $30m^2$，应分别在距离地面 1.5m 均匀设置两个测试位置点。结合实际条件，为了能够尽可能详细分析室内热环境情况，在高度方向 0.5m、1.5m、2.5m 分别布点，具体测点平面布置如图 8-13 所示。室外温度测量，是将温湿度记录仪置于被测建筑 10m 以内，通风良好无阳光和无热源处。

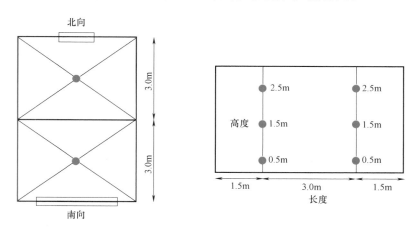

图 8-13　"暖巢一号"室内测点布置

8.3.2　运行效果

1. 阶跃控制策略下的室内温度

图 8-14 为建筑端头房间的测试结果，测试期间，室外最低温度达到了 $-12.5℃$。各房间最低温度出现在阴天，201 房间最低室内温度为 $9.5℃$，101 房间与 301 房间最低温度分别为 $6.1℃$ 与 $8.4℃$；各房间室内平均温度为 $13.0\sim14.0℃$，白天最高温度可达到

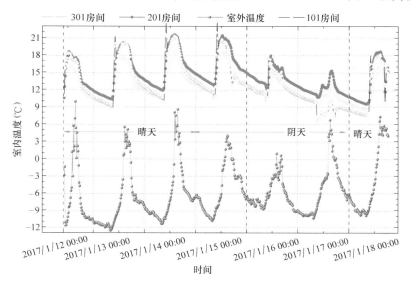

图 8-14　测试期间端头房间室内温度及室外温度分布

24℃。可见，在如此恶劣的气候条件下，变物性控制策略仍可使室内温度维持在一个较好的温度。201 房间室内平均温度高于其他两房间 1℃左右，主要是由于一层的地面散热与 3 层顶板散热造成[3]。

图 8-15 为建筑的中间房间的测试结果，中间房间减少了外墙散热，平均温度比端头房间约高 1℃左右，房间平均温度都在 13.0℃以上。

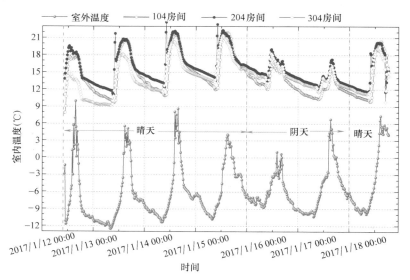

图 8-15　测试期间中间房间室内温度及室外温度分布

2. 阶跃控制与非阶跃控制室内温度对比

图 8-16 为阶跃控制策略下的 104 房间与非变物性控制策略下的 106 房间室内温度对比，其中 104 房间白天上午 9:00 开启房间内侧中空玻璃，南向透明围护结构的太阳光总透射比为 87% 左右，传热系数为 5.5W/(m² · K)；下午 18:00 关闭内侧窗户，传热系数

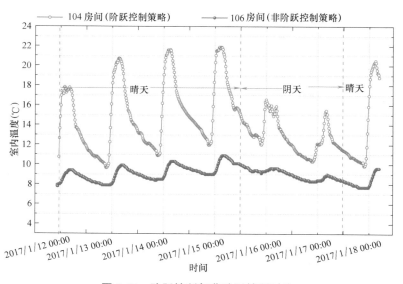

图 8-16　阶跃控制与非阶跃控制对比

小于 2.0W/(m² · K)；106 房间全天关闭内侧中空玻璃，南向透明围护结构的太阳光总透射比为 44% 左右，传热系数小于 2.0 W/(m² · K)。

测试结果表明，阶跃控制策略下的 104 房间室内温度明显高于 106 房间，平均温度相差 4.5℃，室内温度最高值相差达到了 10℃ 以上，即使阴天最高温度也有 5℃ 左右的差别（见表 8-3）。以上测试结果表明，南向围护结构实现阶跃控制后，对太阳能利用率大大增加，能有效改善室内温度状况；同时在夜间关闭内窗后，也满足了南向透明围护结构高保温性能的要求。

阶跃控制与非阶跃控制房间温度统计结果　　表 8-3

类型	温度(℃)				
	平均值	晴天		阴天	
		最大值	最小值	最大值	最小值
104 房间	13.5	21.9	9.6	16.5	10.1
106 房间	9.0	10.9	7.7	10.0	8.3

8.4　技术性能后评估

由于测试所限，为了进一步了解该技术方案的性能，采用了 Designbuilder 软件对宿舍楼进行了模拟计算，对室内温度分布进行了预估。软件建立模型如图 8-17 所示。计算时采用的全年逐时温度与逐时太阳辐射边界条件均为 Energyplus 提供的典型年气象数据。

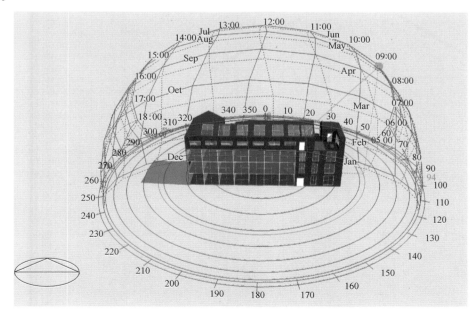

图 8-17　阶跃控制与非阶跃控制对比

8.4.1 模拟与实测对比验证

为了验证模拟结果的正确性，选取典型晴天和阴天的测试结果与模拟结果（选取太阳辐射强度、室外温度与测试日接近的典型日）进行对比，如图 8-18 和 8-19 所示。模拟与

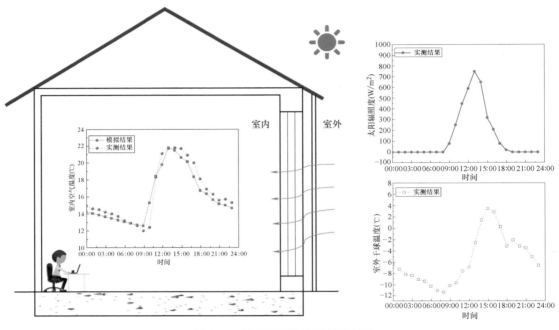

图 8-18 晴天模拟和实测结果对照

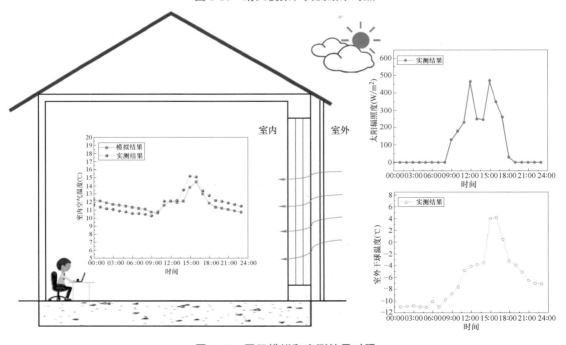

图 8-19 阴天模拟和实测结果对照

实测中南向透明围护结构控制策略为上午 9：00 打开内窗，下午 18：00 关闭内窗。从对比结果来看，模拟值与实测值较为接近，具有较好的预测性。测试时室外最低温度达到了 −11.1℃。晴天室内最低温度为 12.6℃，最高温度为 21.8℃，一天内室内温差达到了9.2℃；阴天室内最低温度为 10.7℃，最高温度为 14.5℃，一天内室内温差达到了3.8℃。结果表明：具有阶跃特性的南向透明围护结构设计在该类地区具有较好的应用价值，可在恶劣的室外气候条件下，使室内温度满足人体基本卫生要求，大大改善了居住条件；阶跃控制使得室内尽可能多的在白天积蓄太阳能，提高室内温度，但同时也使得室内温度波动加大，太阳辐射越强波动越大。

8.4.2 阶跃设计方法的有效性

为了进一步证明该围护结构设计方法的有效性，分别模拟了 4 种模型典型工况的室内温度波动情况，如图 8-20 所示。从图中可以看出，晴天时 4 种模型室内平均温度最高的是可变围护结构模型，室内平均温度达到 16.8℃，平均温度较其他模型高了 2.0℃左右；阴天时室内温度最高的也是可变围护结构模型，室内平均温度达到 11.7℃，平均温度较其他模型高了 1.5℃左右。由于单层玻璃的太阳得热能力强，保温能力差，导致一直开启内窗的情况下，白天室内温度升高很快，夜晚室内温度下降迅速，相比其他三个模型，其昼夜温度峰谷差最大，晴天时达到了 13.5℃，比其他方式峰谷差大了 2℃左右。峰谷差最小的是内窗一直关闭的状态，这是因为该模型的太阳得热系数最小，传热热阻最大，导致白天温度升得慢，夜晚温度降得也慢。

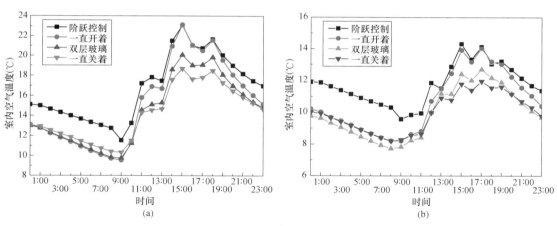

图 8-20 不同情况模拟对比图

（a）晴天；（b）阴天

8.4.3 围护结构控制策略分析

图 8-21 给出了透明围护结构不同气象条件的热平衡。其中的太阳得热（solar gains）指的是太阳透过透明围护结构的得热量，玻璃的热传递指的是玻璃内表面和室内空气的对流换热，由于中午时刻玻璃吸收太阳辐射，导致玻璃内表面温度可能高于室内温度，因此部分时刻玻璃还可能会向室内传热。从图中可以看出，当早上 9：00 开启窗户后，由于玻璃的传热系数增大，通过玻璃传热造成的热损失迅速增大，超过了该时刻的太阳得热；同

样的，大多数情况下 18:00 的热传递损失也大于该时刻的太阳得热。所以原设计中采用 9:00 开启室内窗户，下午 18:00 关闭室内窗户的策略，应该调整为 10:00 开启室内窗户，下午 17:00 关闭室内窗户。

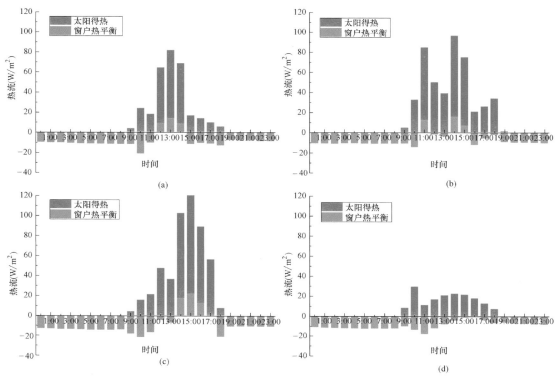

图 8-21　不同气象条件下透明围护结构热流特征
（a）晴天；（b）晴天；（c）晴天；（d）阴天

8.4.4　室内动态热平衡分析

设计阶段利用 Designbuilder 软件对宿舍楼阶跃控制策略（9:00～18:00 内窗打开）下的室内热环境进行了模拟计算，计算时采用的全年逐时温度与逐时太阳辐射边界条件均为 Energyplus 官网提供的典型年气象数据。选取其中太阳辐射强度、气温与测试日 2017 年 1 月 15 接近的典型日进行分析。

通过计算结果对 104 房间进行热平分析，如图 8-22 与图 8-23 所示，可见房间失热主要源于南向外窗与室外的对流换热，9:00 室内外温差为 26.6℃，对流换热速率由 0.28kW 阶跃至 2.28kW，18:00 室内外温差为 14.9℃，对流换热速率由 1.29kW 阶跃至 0.14kW；房间蓄热主要源于太阳入射，全天太阳能总收益 21.7kW，室内温度变化曲线与房间蓄热曲线趋势一致但略有延迟。

整个房间墙体夜间处于放热状态，放热速率在 0.07～0.18kW 之间变化；白天处于得热状态，得热速率在 0.07～0.75kW 之间变化。可见传统设计中采用的墙体蓄放热速率是较难满足被动太阳能建筑的快速蓄放热要求的，这是造成被动太阳能蓄热能力不足的主要因素。

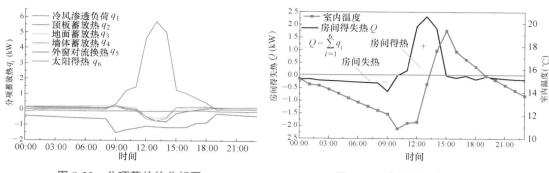

图 8-22　分项蓄放热分析图　　　　　图 8-23　房间热平衡分析图

将房间各项得热与失热曲线投影面积相加，得到 104 房间在计算日当天的房间得热量 $Q=2.59\text{kWh}$。可见，阶跃控制策略下，房间可以实现更有效的得热，使室内温度得到大幅度提高。若采用非阶跃控制，太阳能得热的减少，将无法维持现在的室内温度。

8.4.5　推广应用潜力分析

为了进一步分析该技术的应用潜力，利用同样的数值模拟计算模型，对青藏高原的典型地区拉萨和昌都的实际应用效果分别进行了模拟分析。计算结果如图 8-24 和图 8-25 所

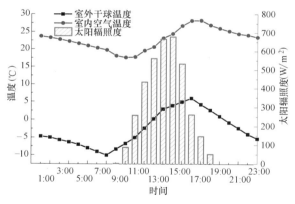

图 8-24　拉萨典型日应用性能

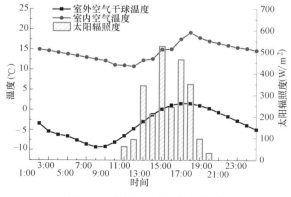

图 8-25　昌都典型日应用性能

示。从图 8-24 中可以看出，采用本书提出的新型围护结构及控制策略后，室内温度在 17~27℃之间波动，室内平均温度达到了 22℃。从图 8-25 中可以看出，采用本书提出的新型围护结构及控制策略后，室内温度在 17~27℃之间波动，室内平均温度达到了 14℃。通过上述案例分析，进一步证明本技术具有较广的应用潜力。

本章参考文献

［1］ Pengfei Si，Yuexiang Lv，Xiangyang Rong，Lijun Shi. An innovation building envelope with variable thermal performance for passive heating systems ［J］，Applied Energy，2020：269.

［2］ 戎向阳，钱方，司鹏飞 等. 一种组合式被动太阳能围护结构 ［P］. 201920047105.0，2019.

［3］ 石利军，戎向阳，司鹏飞 等. 高原被动式太阳能建筑透明围护结构的阶跃传热特性 ［J］. 暖通空调，2019，49（2）：107-110.

第9章 太阳能热风主被动供暖工程设计实例

9.1 项目概况

9.1.1 气候特征

项目位于四川省阿坝县，当地年平均气温 3.3℃，属于严寒气候区，全年供暖需求强烈。该地的太阳能全年日照总辐射为 6090MJ/m²，太阳能资源丰富，属于 Ⅱ 类资源区。同时降水存在明显的时间差异性，大部分地区的降水集中在夏季，冬季则为一年中的旱季，连续阴天和雨雪天的时候少，一般不超过 2d，即使遇到冬季的阴天及雨天，太阳散射辐射强度也较强，适合被动太阳能供暖技术的应用。

9.1.2 建筑概况

项目为四川省阿坝县的某小学宿舍，共 3 层，总建筑面积为 1407m²，建筑效果图如图 9-1 所示。

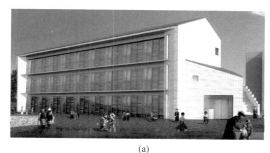
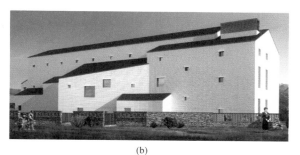

图 9-1 建筑效果图
（a）南立面；（b）北立面

9.2 太阳能主被动组合式供暖方案

9.2.1 建筑布局

建筑共 3 层，每层的南向布置 9 间宿舍，北侧为内走廊。每间宿舍的轴线尺寸为

3.3m×6m，层高为3.2m。项目结构形式为砖混结构，外墙采用夹心保温构造，由内到外依次为240mm页岩砖墙、80mm聚氨酯保温、120mm页岩砖墙。南外窗则采用阶跃式外窗[1]。建筑一层的平面及宿舍的剖面图如图9-2、图9-3所示。

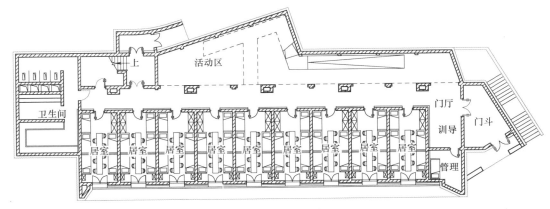

图9-2　建筑平面布局

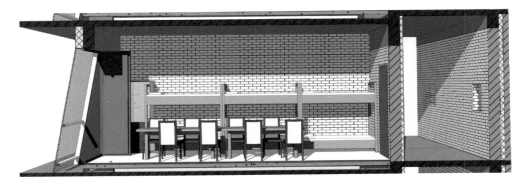

图9-3　宿舍剖面示意图

9.2.2　得热系统设计思路

本项目应用的被动太阳能热风供暖技术由阶跃传热南外窗及太阳能热风蓄热系统两部分组成，如图9-4所示。其中南向外窗采用双层模式：外侧为单层玻璃窗，内侧为双层中空玻璃窗，实现热工特性的昼夜可变控制。太阳能热风蓄热系统由太阳能集热器、直流风机、地板埋管及太阳能光伏电池组成。太阳能光伏电池发电直接驱动直流风机，实现热风系统的全被动运行，空气集热器设置在南向的窗间墙部位，充分利用南向的集热面积；在地板内铺设地埋管并设置静压箱连接管束和地板送风口，集热器内的热空气在风机的驱动下进入地埋管内换热后通过地板送风口进入房间，再返回至集热器中，完成热风循环[2]。

9.2.3　光热光电耦合特性

光伏发电系统的功率输出与太阳辐照强度成正比，随着辐照强度的增加，光伏系统的输出功率也随之增大。同时，太阳能集热系统的集热量也随太阳辐照强度的增加而加大。

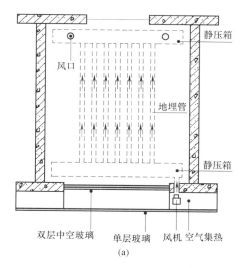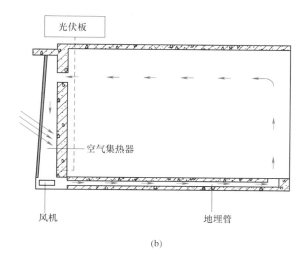

（a）　　　　　　　　　　　　　　　　　（b）

图 9-4　被动太阳能热风利用技术

（a）平面布置示意图；（b）运行原理

基于光热、光伏系统的输出随辐照强度的变化关系，可得集热量、发电量与室外辐射强度的变化关系如图 9-5 所示。

由图 9-5 可知，集热量与发电量具有相同的变化趋势，即两者均随太阳辐照强度的增加而增加。该变化关系表明，热风蓄热系统与光伏发电存在耦合关系，使利用太阳能发电驱动的热风蓄热系统实现自力式控制成为可能：太阳辐射强时，空气集热器的集热量增加，同时光伏发电量增加、风机转速提高、风量加大，此时通过大风量将更多的热量输入至地板内部；当太阳辐照强度降低时，光伏发电量与集热量同步减小，此时风机转速降低、循环风

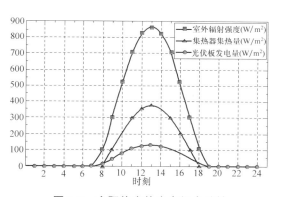

图 9-5　太阳能光热光电耦合特性

量减少；当太阳辐射较弱时风机自行停止运转。通过光热与光电系统的匹配、耦合，实现系统风量与集热量的匹配，使整个热风系统完全实现与太阳辐照强度关联的自力式控制，减少了复杂的自控系统。通过集热量与发电量之间的耦合，系统风量进行自力式调节，可控制集热器出风温度在一定范围内波动，在实现全被动运行的同时，既实现了集热器的过热保护，又保证了送风温度的适宜性。

9.2.4　运行控制策略

（1）白天：阶跃传热南外窗的内侧中空玻璃窗打开，太阳辐射通过单层玻璃进入室内，窗户的太阳能得热系数 $SHGC$ 阶跃升高，太阳辐射得热量增加；此时在太阳辐射的作用下，集热器内空气温度升高，同时光伏板发电驱动风机运转，将集热器内的热空气送至地板埋管与地板进行换热，实现地板蓄热，换热后的空气排至房间内与室内空气混合，

最终通过回风口进入集热器后重新被加热，完成循环。

（2）夜晚：阶跃传热南外窗的内侧中空玻璃窗关闭，透明围护结构的综合热阻 R 阶跃上升，减少房间热损失。同时，地板将白天通过辐射直接得热及热风系统蓄存在其内部的热量开始慢慢释放，维持夜晚室内温度。

9.2.5 太阳能热风系统设计

热风蓄热系统由太阳能集热器、热风输配系统和地板蓄热部分组成，其中热风输配系统包括直流风机、静压箱及地埋管，如图 9-6 所示。地埋管铺设在楼板内部，用于将集热器产生的热空气传输至地板内部进行蓄热。为满足建筑外立面的美观要求，采用建筑一体化集热器（见图 9-7），即集热器位于南立面非透明围护结构区域，与阶跃传热南外窗并列，在满足集热功能的同时，还将作为外立面的一部分，满足美观、协调的外立面要求。集热器整体腔体封闭，其外表面为单层玻璃，以提高太阳辐射透过率，内部采用金属板作为集热部件，并涂深色氟碳漆，提高辐射吸收量。在集热器腔体底部放置直流风机。

根据建筑布局，每一个房间配备一套前述的热风蓄热系统，即每个房间的南向设置

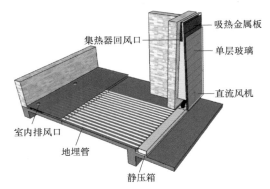

图 9-6 热风蓄热系统示意图

阶跃传热外窗，窗间墙部位并排设置建筑一体化集热器，模型的外立面及局部平面如图 9-7 所示。

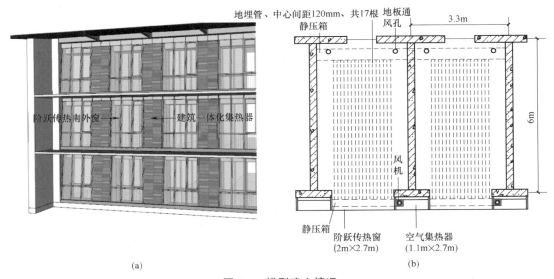

(a)   (b)

图 9-7 模型建立情况

（a）模型外立面；（b）局部平面图

模型房间楼板厚度为 100mm，在每间宿舍的地板顶部铺设 17 根埋管（PVC 管、外

径 40mm），采用 70mm 厚的水泥砂浆作为垫层将埋
管完全封闭在地板内部，垫层材料的吸收系数为
0.7，在房间靠近外墙侧及内墙侧分别设置静压箱与
地埋管相连，形成热风通路，热风系统的设计风量为
150m³/h。

集热金属板以对流的形式对空气进行加热，因此
集热腔体内的气流组织将直接决定换热量的大小、集
热器热效率以及集热器内的流动阻力。为优化气流组
织、提高换热效率并合理确定集热系统及输配系统的
阻力，采用了 CFD 数值模拟方法对热风蓄热系统在
特定工况下进行了模拟分析，CFD 模型见图 9-8。集
热效率及系统阻力结果见图 9-9。模拟的边界条件为：

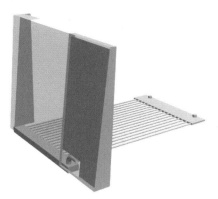

图 9-8　热风蓄热系统 CFD 模型

室外辐射强度 800W/m²、入射方向正南、高度角 35°、室外气温 0℃、通风量 150m³/h。

图 9-9　热风集热系统模拟结果
(a) 集热器换热；(b) 输配系统压力变化

图 9-9（a）表明，当空气由集热板与单层玻璃之间的缝隙流过时，可获得较高的集热
效率（48.52%），因此采用该种集热器设计思路。图 9-9（b）所示为热风系统的静压箱
及地埋管部分的压力变化，综合考虑集热及房间内的空气流动阻力，确定热风系统中直流
驱动风机的压头为 80Pa。

9.3　技术性能分析

9.3.1　分析方法

采用动态计算方法对整个供暖期的系统运行及房间热过程进行模拟，选择 Energy-
Plus 自带的全年气象参数。其中集热过程采用 EnergyPlus 中的 Solar Collectors 模块进行
计算，地埋管与地板的传热过程采用 VentilatedSlab 模块计算，并将地埋管的入口温度设
置为集热器的出口温度，以实现模拟过程中风系统的连接。

集热系统设置时，认为集热器的设计效率为 48.52%（与前述 CFD 模拟结果一致），

当系统运行时，根据逐时室外温度、辐射强度、空气流量及集热器的平均温度，对设计效率进行实时修正。热空气经地埋管换热后进入室内，与室内空气混合后再返回至集热器，可认为房间内的温度即为集热器的回风温度。模拟过程中，逐时读取房间的平均温度，并将该值设置为集热器的回风温度，实现热风系统的循环运行。

直流风机的风量受室外太阳辐射强度的影响而逐时变化，导致热风系统的通风量也逐时波动。模拟过程中，认为热风系统的阻抗及太阳能光伏板的效率不变，则风机的输入功率与风量的三次方成正比，因此，可根据设计状态下的风机运行及辐照量等参数，并结合逐时变化的室外辐照强度按下式求得系统逐时风量。

$$Q' = Q\left(\frac{I'}{I}\right)^{1/3} \tag{9-1}$$

式中　Q'——逐时系统风量，m^3/h；

$\quad\quad Q$——设计风量，取为 $150m^3/h$；

$\quad\quad I'$——逐时室外辐照强度在光伏板表面的分量，W/m^2；

$\quad\quad I$——设计状态下（$800W/m^2$、正南方向、高度角 $35°$）的辐照强度在光伏板表面的分量，W/m^2。

模拟过程中，实时读取室外辐照强度在光伏板表面的分量，根据式（9-1）进行通风量的计算，再将计算结果设置为系统通风量，以实现热风系统的自力式运行。

模拟过程中，通过改变外窗的热工参数以实现对阶跃传热南外窗的开启控制。白天时，将外窗的热工参数设置为单层玻璃；夜晚时，则将外窗改为双层窗，并进行相应的热工参数设置。

为了对比分析，同时建立单一直接受益式的房间模型，即模型中只设置阶跃南外窗，该模型的几何尺寸、边界条件与热风系统完全一致，只是没有热风蓄热系统，只依靠南向的透明围护结构进行太阳能利用。相比于热风系统，该对比系统的窗间墙部位没有进行有效利用，其总体集热面积较小。

9.3.2　结果与讨论

1. 地板热平衡分析

对于热风系统，地板整体通过其上表面、下表面（下一楼层的顶棚）及地板内部的热风埋管三个界面与外界进行热量交换，三个界面的传热耦合在一起，形成了地板整体的传热过程及蓄放热特性。以上三个界面中，直接与房间发生热交换的界面只有地板上、下表面，其中地板上表面会受到太阳辐射的直接照射，是主要的传热面。为了更清晰地了解地板的热过程，从地板整体及地板上表面及两个角度分别进行热平衡分析。

（1）地板整体热平衡分析

不同系统地板整体与外界的传热情况如图 9-10 所示。图 9-11 所示为典型日（1 月 19日）地板不同传热界面的全天动态热流情况，其中正值表示地板在蓄热，负值表示放热。

从图 9-11 可明显看出，热风系统地板的蓄放热能力大于单一直接受益式系统。白天时，热风系统有 3 个蓄热面进行热量蓄存，其整体蓄热量比单一受益式系统提高 60.3%；夜晚，热风系统通过上、下表面的放热量比单一受益模式提高了 59.4%。

对于热风系统，11：00～17：00 时段，地板整体处于蓄热状态，累计净蓄热量为

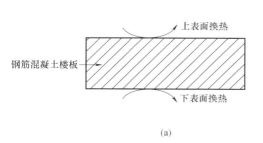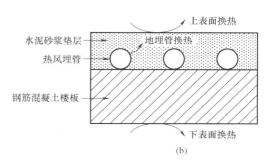

图 9-10　地板整体传热示意

（a）单一直接受益式；（b）热风系统

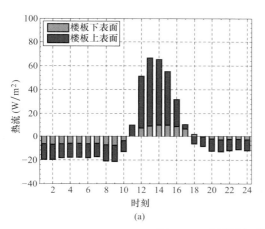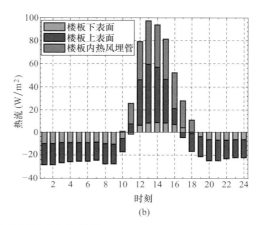

图 9-11　典型日地板不同传热界面动态传热量

（a）单一直接受益式；（b）热风系统

10.1kWh，其余时段地板处于净放热状态，累计净放热量为 9.0kWh。对于地板上、下表面，全天均出现了热流反向的情况，即均存在蓄放热的切换，其中地板上、下表面的蓄热时段分别为 11:00～16:00、12:00～17:00，其余时段为放热时段，地板下表面的蓄放热时段比上表面整体延迟 1h。其中对于 18:00，虽然热风系统在蓄热，但地板的上、下表面均在放热，且放热量大于蓄热量，导致地板整体仍呈现放热趋势。整体而言，地板整体全天的蓄热量中，通过上表面、下表面及地板埋管三个界面的蓄热量比例分别为 42.8%、8.8% 及 48.4%，全天的放热量中，通过上、下表面的放热量比例分别为 67.4%、32.6%。

（2）地板上表面热平衡分析

现对地板上表面进行热平衡分析，因为分析的对象只是地板表面，因此任意时刻的地板表面均通过导热、对流、长波辐射及太阳直接得热的方式达到热平衡，其传热示意如图 9-12 所示。不同系统典型日地板上表面热平衡情况如图 9-13 所示，其中正值表示热流流向地板表面、负值表示热流离开地板表面。

图 9-13 表明，不同系统地板上表面的热流变化规律一致：白天时，太阳辐射照射到地板上表面后导致其温度升高，热量一部分以长波辐射及对流的形式传递至房间其他围护结构及空气中，另一部分则通过导热蓄存到地板内部。由于热风蓄热系统的存在，热风系

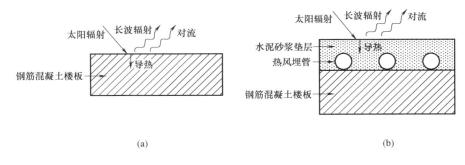

图 9-12　地板表面传热示意

（a）单一直接受益式；（b）热风系统

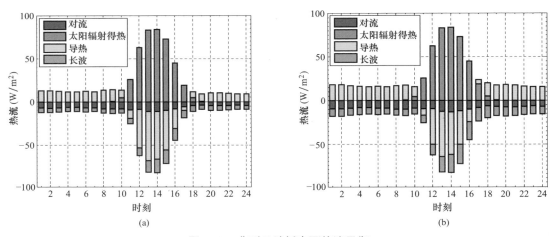

图 9-13　典型日地板表面热流平衡

（a）单一直接受益式；（b）热风系统

统作用下的地板表面放热量明显增加。

　　对于热风系统，计算结果表明，白天时（9:00～18:00），太阳辐射直接透过玻璃照射到地板上表面，平均 70% 的太阳辐射直接被地面吸收，30% 则反射至房间内的其他表面。被地面吸收的太阳辐射导致地表温度升高，有 33.6% 的热量通过导热的形式从地板表面向地板内部传递并蓄存到地板内部、39.9% 的热量通过地表的长波辐射与其他表面进行传热、26.5% 的热量通过地面的对流与室内空气进行换热；夜晚时段的地板处于放热状态，地板表面通过对流及长波辐射的形式向外放热，其中对流及长波辐射放热占夜晚总放热的比例分别为 48.9%、51.1%。

　　由图 9-13 可知，只有导热全天存在热流反向的情况，即太阳辐射较强时，导热热流由地板上表面指向地板内部（负值），此时地板在蓄热；无太阳辐射或辐射较弱时，导热热流则反向由地板内部指向地板上表面（正值），表明地板在进行放热。对于长波辐射及对流，全天均为负值，说明地板全天均通过这两种传热方式进行放热。导热热流的反向变化也说明了地板全天处于动态的蓄、放热过程中。根据图 9-13 可得典型日不同时段地板上表面的蓄、放热量的累计值，如表 9-1 所示。

地板表面典型日不同时段累计吸、放热量　　　　　　　　　表 9-1

	时段	太阳辐射得热（kWh/m²）	导热（kWh/m²）	长波辐射散热（kWh/m²）	对流散热（kWh/m²）
热风系统	有太阳辐射	0.4	−0.135	−0.160	−0.106
	无太阳辐射	0	0.216	−0.111	−0.106
无热风系统	有太阳辐射	0.4	−0.204	−0.106	−0.089
	无太阳辐射	0	0.161	−0.076	−0.085

由表 9-1 可知，热风系统白天通过地板表面的累计导热蓄热量为 0.14kWh/m²，低于单一直接受益式系统的 0.20 kWh/m²，主要原因为热风系统同时还存在地板内部的热风蓄热，导致其整体地板温度较高，造成地板上表面的热量向地板内部传递时的传热温差小，地板通过导热的蓄热量减小。但热风系统通过地板上表面的太阳辐射及地板内部的热风埋管同时蓄热，其综合蓄热量得到了提升。

夜晚无太阳辐射时，热风系统地板表面的累计放热量为 0.22kWh/m²，大于单一直接受益式系统的 0.16kWh/m²，说明采用了热风系统后，虽然通过地板表面的导热蓄热量减小，但地板内部也同时存在热风蓄热，地板温度整体升高，导致地表温度上升，增加了地板表面向外界的长波辐射换热量及对流换热量，综合表现为地板表面在夜晚的释热能力得到了提高。综合而言，采用了热风系统后，白天时段地板通过热风蓄热系统加强了蓄热、夜晚又通过地板表面散热提高了放热能力。

由于采用了蓄热强化措施，热风系统白天及夜晚的地板表面通过长波辐射及对流的散热量均大于单一直接受益式系统，白天及夜晚地板表面通过这两种传热方式的累计散热量分别提高了 36.4%、34.8%。

2. 地板动态蓄放热特性

现分析全年动态情况下地板日平均的蓄、放热情况。图 9-14 所示为不同系统作用下地板日平均的蓄、放热变化（4 月 1 日～9 月 30 日为非供暖季，热风系统关闭）。结果表明，热风系统作用下的地板日平均蓄放热强度明显高于单一直接受益式系统。

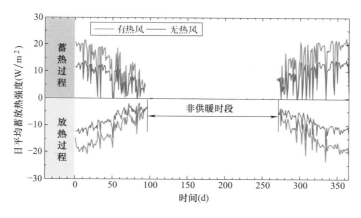

图 9-14　不同系统作用下地板日平均蓄、放热速率

当采用热风系统后，供暖期内地板最大的日平均蓄热速率为 22.3J/（m²·s）、放热速率为 23.3J/（m²·s），而单一直接受益式系统的这两项指标分别为 14.3J/（m²·s）、17.3J/（m²·s）。热风系统作用下的地板供暖季平均蓄、放热速率分别为 13.5J/（m²·s）、13.7J/（m²·s），而对于单纯的直接受益式系统，其地板供暖季的平均蓄、放热速率分别为 8.3J/（m²·s）、8.6J/（m²·s），表明相对于单一直接受益式系统，热风系统可将地板的年平均蓄放热能力提高 61.4%。

3. 地埋管热风系统传热特性

集热器被加热后的热空气进入地埋管后，通过对流传热的形式与地板进行换热，将热量蓄存至地板内部，换热之后的空气则排入房间与室内空气混合。由于地埋管长度有限，无法将集热器传递给空气的热量全部蓄存至地板中，导致一部分热量将随着空气排至房间内。图 9-15 所示即为集热器的集热量在典型日的分配情况，其中 80.2% 的热量被地板吸收，其余 19.8% 的热量则传递至室内空气中。

图 9-16 所示为地埋管进、出口的空气温度在典型日的变化情况，在有太阳辐射时，通过集热器加热后空气的最高温度可达 48.8℃，平均温度为 38.7℃；通过地埋管后，空气中大部分热量传递至地板内，导致出口气温大幅下降，平均温度降至 23.2℃，仍然高于室内空气温度，此时进入室内后可继续提升室内温度。

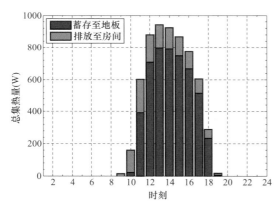

图 9-15　典型日空气集热器热量分配

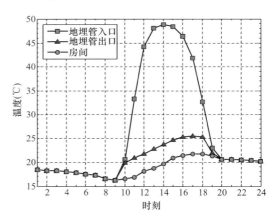

图 9-16　典型日地埋管出入口空气温度

4. 房间及地板上表面温度

地板的蓄放热特性及热风蓄热系统的运行将最终导致地板上表温度及房间温度发生变化，现对温度进行分析。图 9-17 所示为不同系统作用下房间及地板表面典型日的温度逐时变化。结果表明，采用了热风系统后，较之单一直接受益式系统，房间及地板表面温度均有较大提升，室内热环境得到了改善。其中房间日平均温度提升 2.5℃，地板上表面日平均温度提升 3.0℃。当室外温度最低降至 −14.9℃ 时，热风系统作用下的房间温度可维持在 18.0℃，室内外温差高达 32.8℃，极大地提高了室内舒适性。

为了更深入分析热风系统造成的温度变化，现对典型日两个系统作用下的逐时室内温度及地板上表面温度求差，如图 9-18 所示。结果表明，房间及地板上表面温度的差值存在明显规律：白天时段，温差呈扩大趋势，房间及地板上表面的温差分别由 2.2℃、2.7℃ 提升至 3.0℃、3.4℃，主要原因为此时段存在太阳辐射，热风系统的集热面积大、太阳得热量多，导致房间温度及地板上表面温度与单一直接受益式系统之间的差值逐渐拉大；17:00 至第二日清晨，温差呈下降趋势，此时无太阳辐射，围护结构处于放热状态，由于热风系统作用下的室内温度较高，因此造成了房间失热量大、温差逐渐减小的现象。

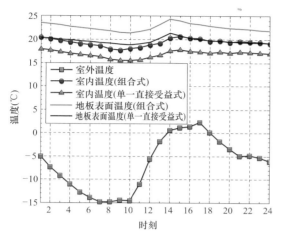

图 9-17　房间及地表温度逐时变化

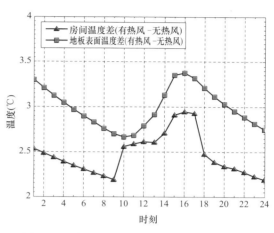

图 9-18　房间及地板表面温度差值逐时变化

9.4　设计总结

本节通过对阶跃传热南外窗和太阳能热风蓄热系统热风被动供暖技术的应用分析，可以得出以下主要结论：

（1）在太阳能丰富地区应用阶跃传热南外窗和太阳能热风蓄热系统的热风太阳能被动供暖技术，将有利于充分利用建筑的南向立面，获得更多的太阳能得热；

（2）太阳能热风蓄热系统的利用，可明显提高地板的白天蓄热能力，实现房间得热的移峰填谷，使房间温度昼夜变化减少，改善了被动供暖建筑的室内热环境；

（3）太阳能热风蓄热系统与光伏系统进行耦合，在容量匹配合理的前提下，可实现热风循环风量随集热量的变化而自行变化，使热风系统完全实现自力式控制运行，减少了复杂的自动控制系统。

本章参考文献

［1］　石利军，戎向阳，司鹏飞 等. 高原被动式太阳能建筑透明围护结构的阶跃传热特性［J］. 暖通空调，2019，49（02）：107-110.

［2］　刘希臣，戎向阳，贾纪康 等. 高原建筑组合式太阳能被动供暖技术应用分析［J］. 暖通空调，2021，4（待刊）.

第10章 平板太阳能热水单体建筑供暖设计实例

单体建筑太阳能热水供暖由于充分利用建筑屋面，消除了市政管网建设投资，降低了输配能耗和热损失，被认为是主动式太阳能热水供暖较适宜的供暖形式。本章以典型的单体建筑太阳能热水供暖工程为实例，详细介绍太阳能热水供暖方案的技术特点和方案确定方法，为类似工程案例提供技术参考。

10.1 工程概况

10.1.1 建筑概况

西藏文化广电艺术中心位于拉萨城东，主体建筑总面积 133482m²，地上建筑面积 117742m²，主体建筑高度 23.95m。主体使用功能主要分为 3 部分：广电中心、网络监管和有线电视、综合艺术中心。图 10-1 为西藏文化广电艺术中心效果图，项目设计拟达到国家绿色建筑二星标准。

图 10-1　西藏文化广电艺术中心

10.1.2 室外气象条件

拉萨市具有太阳辐射强烈、冬季干燥寒冷、日较差大、供暖时间长等特征。如图 10-2 所示，拉萨年平均气温 8.1℃，供暖室外计算温度 -5.2℃，最冷月平均温度 -1.7℃，最热月平均温度 16.4℃；太阳水平面辐射强度最高可达到 1200W/m²，供暖季连续阴天数小于 2d，即使阴天太阳散射辐射强度也能达到 350W/m²。

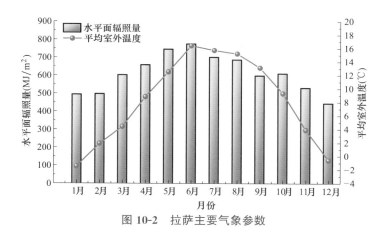

图 10-2　拉萨主要气象参数

10.1.3　室内设计参数

本项目供暖室内设计参数如表 10-1 所示，易冻结区域按 5℃ 设置值班供暖系统。

室内设计参数　　　　　　　　　　　　　　　　表 10-1

房间名称	温度（℃）	相对湿度（%）	新风量（m³/人）
观众厅	22	>35	15
舞台	22	>35	40
小剧场	22	>35	20
排练厅	22	>35	40
交流中心	20	>35	20
休息厅	20	>30	20
化妆间	22	>35	40
乐队休息、贵宾接待等	22	>35	40
大、中演播室	21	>35	20
小演播室	21	>35	40
配音室、录音室、直播室	20	>35	50
小演播室	21	>35	40
技术用房	20	>35	40 或 2h⁻¹
办公	20	>30	30
会议	20	>30	20
门厅、走道	18	>30	10
IDC 机房等	19～23	45～55	1h⁻¹
磁带库等	19～23	45～55	1h⁻¹

10.2　能源形式的选择

10.2.1　可再生能源

1. 太阳能

根据《太阳能资源评估方法》QX/T 89—2018，拉萨市属于太阳能资源最丰富地带，其中全年太阳总辐射量高达 7331.4MJ/m²，年平均日照辐射量为 20MJ/(m²·d)，供暖季平均每日的日照小时数达 8.7h。太阳能辐射量稳定，为该地区太阳能资源的广泛利用提供了条件。

2. 空气热能

拉萨冬季气候干燥，供暖期室外空气露点温度大多数时间内都比干球温度低 10℃以上，降低了蒸发器结霜的可能。由于蒸发器极少有结霜的可能，使得大多数时间不需要除霜和融霜，降低了空气源热泵结霜能耗；根据本书第 6 章辅助热源系统的介绍，高海拔地区空气换热性能衰减不明显，有利于空气源热泵高效运行，为该地区利用空气源热泵供暖创造了有利条件。

10.2.2 传统能源

拉萨是矿物能源严重短缺的城市，周边至今尚未探明煤、气、油资源，城市需要的燃煤、燃油和燃气都需要从 2000km 以外的青海、四川长途运输。考虑到运输成本后，拉萨市的燃煤价格约 1000 元/t，天然气价格 4.5 元/m³，能源价格高昂。由于拉萨属于高海拔地区，矿物能源燃烧不充分，燃烧效率低下，若采用燃煤供暖，污染物排放量较大，既与国家节能减排的政策不符，也不利于保护西藏脆弱的高原生态环境。目前，拉萨市电力供应主要是以水力发电为主，太阳能光伏发电占比也在不断增加，当地无大型重工业企业，电力供应较为充裕且清洁，为项目供暖方案的制定提供了选择。

经分析，为了保护西藏生态环境，积极响应国家节能减排政策，结合当地传统能源和可再生能源利用状况，本项目采用以太阳能供暖为主、空气源热泵为辅的能源供应形式。

10.3 建筑动态热负荷模拟

10.3.1 系统划分

本项目广电中心和综合艺术中心分别独立设置集中空调、供暖系统。其中广电中心采用平板集热器作为集中供暖系统和生活热水系统的主要热源，采用超低温空气源热泵作为供暖系统的辅助热源，并兼作夏季空调的冷源。受限于太阳能集热器摆放位置，综合艺术中心采用平板集热器作为生活热水的主要热源，超低温空气源热泵作为夏季和冬季空调的主要冷热源，由于生活热水和部分长期使用的功能房间的负荷具有参差性，太阳能与空气源热泵的水系统耦合设计，在非演出季利用平板太阳能集热器供暖。

10.3.2 围护结构参数设定

本项目建筑均按照《西藏自治区民用建筑节能设计标准》DBJ 540001—2016 进行围护结构节能设计，详见表 10-2 与表 10-3。

10.3.3 动态负荷结果分析

采用 EnergyPlus 负荷模拟软件，对建筑进行供暖负荷模拟计算，其中供暖周期设定为 11 月 1 日～次年 3 月 31 日，广电文化中心供暖时刻设定：演播厅、多功能厅：周一至周五 18:00～21:00；办公：每天 9:00～22:00；综合艺术中心供暖时刻设定：剧院及其附属房间：周五、周六 18:30～21:30。建筑计算模型如图 10-3 所示。

建筑非透明围护结构热工性能参数　　　　　　　　　　　　表 10-2

类别	热阻 (m² · K/W)	传热系数 [W/(m² · K)]	规范限定值 [W/(m² · K)]
屋面	2.821	0.354	0.40
外墙	2.380	0.42	0.50
干挂石材幕墙	2.310	0.433	0.50
隔墙	1.706	0.586	0.60

建筑透明围护结构热工性能参数　　　　　　　　　　　　表 10-3

外窗面积 (m²)	传热系数限值 [W/(m² · K)]	遮阳系数限制 SC_w			外窗技术	传热系数设计值 [W/(m² · K)]
		东/西	南	北		
外窗≤2.5	3.2	—	—	—	多腔断热桥铝合金超白三玻中空玻璃窗 (6+12Ar+6+12Ar+6)	1.8
2.5＜外窗≤4.0	2.5	0.50	—	—	多腔断热桥铝合金超白三玻中空玻璃窗 (6+12Ar+6+12Ar+6)	1.8
外窗＞4.0	2.0	0.45	—	—	多腔断热桥铝合金超白三玻中空玻璃窗 (6+12Ar+6+12Ar+6)	1.8

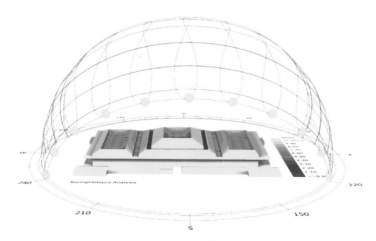

图 10-3　建筑计算模型图

图 10-4 为动态模拟得出的供暖期逐时热负荷分布特征。从计算结果可以看出，广电文化中心最大负荷为 3513kW，综合艺术中心最大负荷为 3462kW。

图 10-5 为设计日逐时的动态供暖负荷结果。由于白天采用间歇供暖，在早上启动供暖系统时，热负荷最大，随着室外气温的升高，以及供暖系统的运行，热负荷数值逐渐下降，逐渐稳定在 2500kW 附近。

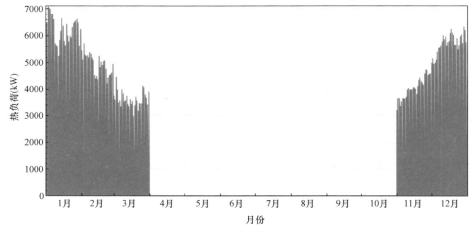

图 10-4　全年动态热负荷曲线

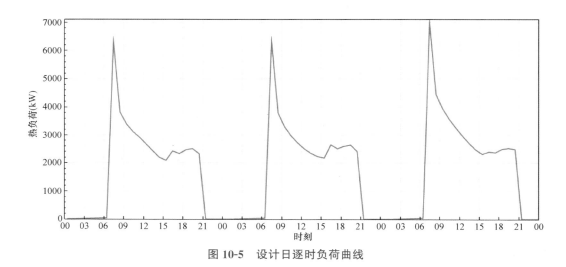

图 10-5　设计日逐时负荷曲线

典型日负荷构成基本与供暖季负荷构成基本一致。新风及冷风渗透占比超过总负荷一半，窗户传热占比最小达到 15％，如图 10-6 所示。

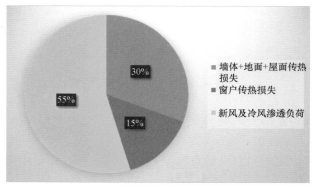

图 10-6　典型日负荷构成分析

10.4 太阳能热水供暖方案比选

10.4.1 备选对比方案拟定

由本书第7.2节分析可知，本项目宜采用以太阳能供暖为主、空气源热泵为辅的能源供应形式。由于真空管集热系统承压能力差、爆管严重，为此太阳能集热方案选择平板集热和槽式集热两种常用系统。由此可得4种备选方案：

（1）方案一：平板集热器＋空气源热泵＋相变蓄热；
（2）方案二：平板集热器＋空气源热泵＋水蓄热；
（3）方案三：槽式集热器＋空气源热泵＋水蓄热；
（4）方案四：空气源热泵供暖。

10.4.2 备选对比方案优化设计

1. 平板太阳能供暖系统设计

利用本书第4章优化模拟计算方法，可得太阳能集热器安装方位与安装倾角。本项目安装方位为正南向，最佳倾角为50°。集热器间距布置要求为2.1m。

（1）布置区域与集热面积

考虑到可布置集热器区域有限，经与建筑专业沟通，确定了平屋面可摆放集热器区域（见图10-7），具体面积统计如表10-4所示。

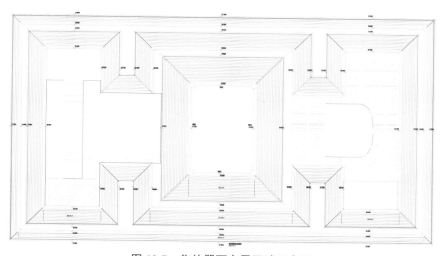

图10-7 集热器可布置区域示意图

集热面积统计表 表10-4

集热摆放或区域	面积(m²)	合计(m²)
西平屋面	4269.13	8269.13
东平屋面	4000	

按可布置区域对平板集热器分布进行布置，得到可布置的集热器的面积，如表10-5

所示。

表 10-5

集热器面积统计表

集热器类型	集热摆放区域	集热面积(m²)	合计(m²)
平板集热器	西平屋面	2610	4974
	东平屋面	2364	

其中，包括用于太阳能热水供应的集热面积 $450m^2$。所以，实际太阳能供暖集热面积为 $4524m^2$。

（2）供热参数确定

考虑到平板集热器集热效率、供热末端的换热性能以及供热系统的运行安全等因素，最终选取供热参数如下：太阳能集热场太阳能集热系统循环供水（防冻液）温度 65℃，回水温度 55℃，供回水温差 10℃。蓄热系统蓄满工况温度 60℃，放完工况温度 40℃，蓄放热温差 20℃。末端散热器/地板辐射供/回水温度为 50℃/40℃。辅助热源供/回水温度为 50℃/40℃。

（3）蓄热容量确定

利用动态优化模拟程序，可得供暖季动态可蓄存热量，如图 10-8 所示，将其作为蓄热容量选择的依据。因此，本项目选择蓄热容量为 8000kWh，利用蓄热温差，可得水箱蓄热体积为 $350m^3$，蓄热指标为 $77L/m^3$；对于相变蓄热，选择 5 台型号为 ES60-1800（单台实际放热量 1600kW）的相变蓄热装置。

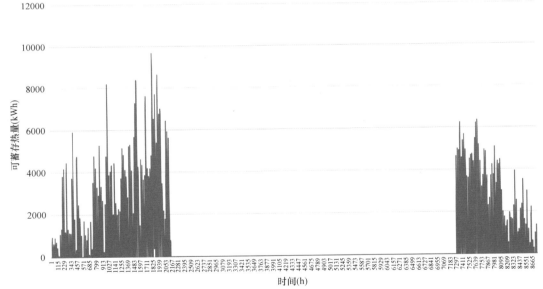

图 10-8　供暖季动态可蓄存热量

（4）换热系统设计

换热器按热交换方式分为表面式换热器和混合式换热器，本项目采用间接式太阳能供热供暖方式，太阳能集热系统中的加热介质为丙二醇防冻液，与热网中的被加热介质相互独立，只有热量交换，有利于保护用水水质和解决集热系统在冬季的防冻问题，故应选用表面式换热器。

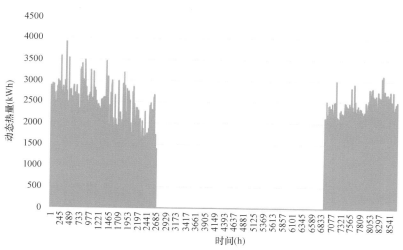

图 10-9　供暖季动态集热量

丙二醇—水板式换热器应保证集热量全部被换出，根据动态集热量情况，可得合理的换热量为 3500kW。水—水板式换热器应保证供暖季的热负荷需求，根据动态热负荷特征情况，可得合理的换热量为 6900kW（图 10-9）。

（5）辅助热源容量确定

利用优化计算程序可计算得到典型日热平衡分析，结果如图 10-10、图 10-11 所示。对于 1 月份的严寒季节，负荷需求巨大，早上时刻由于太阳能集热不能获得有效集热量，同时也没有蓄热量，所以实际负荷由辅助热源承担。对于 3 月份等非严寒季节，负荷需求变小，一部分负荷由蓄热量供给，另一部分负荷由辅助热源承担。典型日辅助热源供给最大负荷约 5.7MW，考虑空气源热泵的融霜修正后，辅助热源容量确定为 6.3MW。

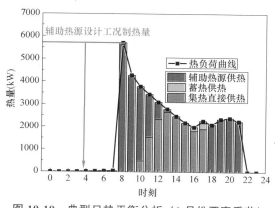

图 10-10　典型日热平衡分析（1 月份严寒季节）

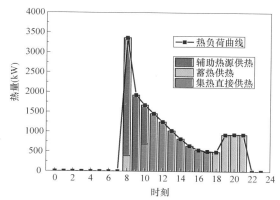

图 10-11　典型日热平衡分析（3 月份非严寒季节）

（6）全年热量平衡

经分析，确定集热器安装面积为 4524m²，此时太阳能供暖系统的贡献率为 51.29%。全年总供热量为 4212689kWh，辅助热源供热量为 2051942kWh，蓄热供热量为 501204kWh，集热直接供热量为 1659543kWh，如图 10-12 所示。

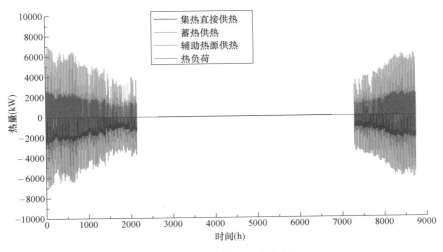

图 10-12　全年热平衡分析

2. 槽式集热太阳能供暖系统设计

（1）布置区域与集热面积

按可布置区域对槽式集热器分布进行布置，得到可布置的集热器的面积，如图 10-13、表 10-6 所示。

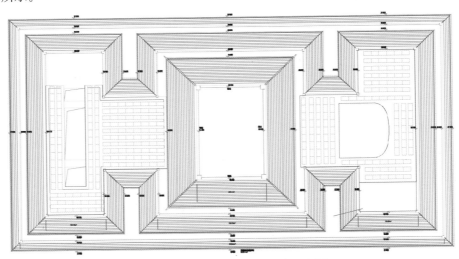

图 10-13　集热器可布置区域示意图

槽式集热器面积　　　　　　　　　　　表 10-6

集热器类型	集热摆放区域	集热面积（m²）	合计（m²）
槽式集热器	西平屋面	2077	3823
	东平屋面	1746	

其中，包括用于太阳能热水供应的集热面积450m²。所以，实际太阳能供暖集热面积为3373m²。

（2）供热参数确定

考虑到槽式集热器性能、供热末端的换热性能以及供热系统的运行安全等因素，最终选取供热参数如下：

1）太阳能集热场太阳能集热系统循环供油（导热油）温度160℃；

2）蓄热系统蓄满工况温度60℃，放完工况40℃，蓄放热温差20℃；

3）末端散热器/地板辐射供/回水温度为50℃/40℃；

4）辅助热源供/回水温度为50℃/40℃。

（3）蓄热容量确定

利用动态优化模拟程序，可得供暖季动态可蓄存热量，如图10-14所示，将其作为蓄热容量选择的依据。因此，本项目选择蓄热容量为9000kWh，利用蓄热温差，可得水箱蓄热体积为390m³，蓄热指标为115L/m³。

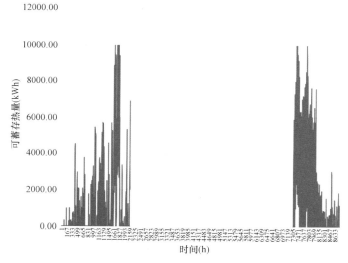

图 10-14 供暖季动态可蓄存热量

（4）换热系统设计

换热器按热交换方式分为表面式换热器和混合式换热器，本项目采用间接式太阳能供热供暖方式，太阳能集热系统中的加热介质为防冻液，与热网中的被加热介质相互独立，只有热量交换，有利于保护用水水质和解决集热系统在冬季的防冻问题，故应选用表面式换热器。

导热油—水板式换热器应保证集热量全部被换出，根据动态集热量情况，可得合理的换热量为3300kW。水—水板式换热器应保证供暖季的热负荷需求，根据动态热负荷特征情况，可得合理的换热量为6900kW（见图10-15）。

（5）辅助热源容量确定

本方案选用空气源热泵机组方案进行供暖。考虑到传统空气源热泵机组在室外温度为−15℃条件下难以正常工作，且低温工况机组性能系数极低，为此本项目选用超低温空气源热泵机组。

利用优化计算程序可计算得到典型日热平衡分析，结果如图10-16、图10-17所示。

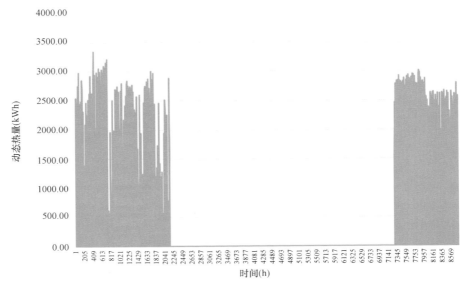

图 10-15　供暖季动态集热量

对于 1 月份的严寒季节，负荷需求巨大，早上时刻由于太阳能集热不能获得有效集热量，同时也没有蓄热量，所以实际负荷由辅助热源承担。对于 3 月份等非严寒季节，负荷需求变小，一部分负荷由蓄热量供给，另一部分负荷由辅助热源承担。典型日辅助热源供给最大负荷约 5.7MW，考虑空气源热泵的融霜修正后，辅助热源容量确定为 6.3MW。

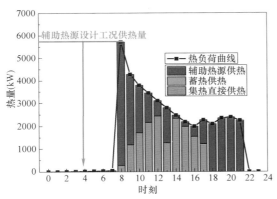

图 10-16　典型日热平衡分析（1 月份严寒季节）　　图 10-17　典型日热平衡分析（3 月份非严寒季节）

（6）全年热量平衡

经分析，确定槽式集热器安装面积为 $3373m^2$，此时太阳能供暖系统的贡献率为 56.28%。全年总供热量为 4212689kWh，辅助热源供热量为 1841713kWh，蓄热供热量为 445533kWh，集热直接供热量为 1925443kWh，如图 10-18 所示。

3. 空气源热泵供暖方案设计

根据建筑平面图和甲方提供的初步输入资料，按照《民用建筑供暖通风与空气调节设计规范》GB 50736—2012 的负荷稳态计算方法，可得本项目供暖稳态负荷（见表 10-7），将其作为空气源热泵设备容量确定依据。

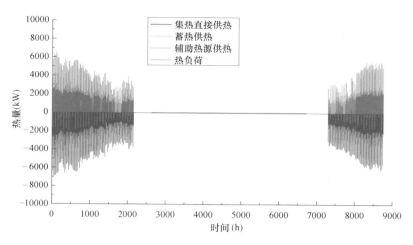

图 10-18　全年热平衡分析

供暖稳态负荷统计　　　　　　　　　　　　　　　　表 10-7

	建筑面积(m²)	供暖面积(m²)	热负荷(kW)	热负荷指标(W/m²)
广电中心	78871	40278	2295	57.0
综合艺术中心	41452	25582	2457	96.0

　　本项目大部分区域为仅白天使用的建筑，考虑间歇附加率20%，空气源热泵融霜修正系数为0.9，可得空气源热泵配置容量为6.3MW。

10.4.3　技术性能对比分析

　　三种供暖方式全年动态能耗计算结果如图10-19～图10-21所示，全年能耗汇总如表10-8所示。其中，平板式太阳能供暖热源系统全年电耗1135058kWh，槽式太阳能供暖热源系统全年电耗1022229kWh，超低温空气源热泵供暖热源系统全年电耗2016431kWh。

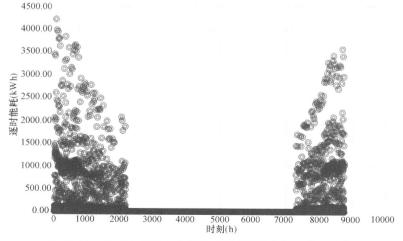

图 10-19　平板太阳能＋空气源热泵供暖全年运行能耗分析

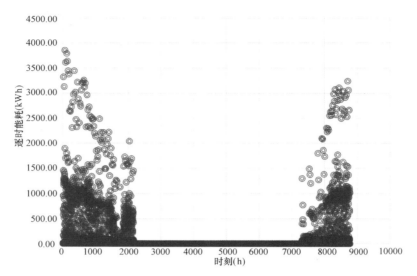

图 10-20　槽式太阳能＋空气源热泵供暖全年运行能耗分析

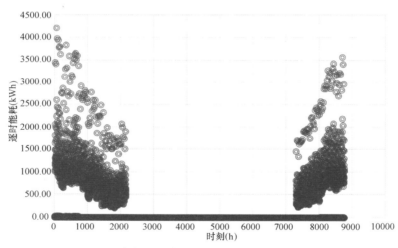

图 10-21　超低温空气源热泵供暖全年运行能耗分析

备选方案全年运行能耗　　　　　　　　　　　　　表 10-8

方案类型	平板太阳能＋空气源热泵供暖	槽式太阳能＋空气源热泵供暖	超低温空气源热泵供暖
全年能耗	1135058kWh	1022229kWh	2016431kWh

经分析，平板集热器安装面积为 4524m²，此时太阳能供暖系统的贡献率为 51.29%。全年总供热量为 4212689kWh，辅助热源供热量为 2051942kWh，蓄热供热量为 501204kWh，集热直接供热量为 1659543kWh。超低温空气源热泵供暖系统全年总供热量为 4212689kWh，全部由空气源热泵供给。

经分析，槽式集热器安装面积为 3373m²，此时太阳能供暖系统的贡献率为 56.28%。全年总供热量为 4212689kWh，辅助热源供热量为 1841713kWh，蓄热供热量为 445533kWh，集热直接供热量为 1925443kWh（见表 10-9）。

技术性能对比 表 10-9

对比方案	集热类型	集热面积（m²）	蓄热类型	太阳能供热量（kWh）	辅助热源供热量（kWh）	系统能耗（kWh）	贡献率
方案一	平板集热器	4524	水箱蓄热	2160747	2051942	1135058	51.29%
方案二	平板集热器	4524	相变蓄热	2160747	2051942	1135058	51.29%
方案三	槽式集热器	3373	水箱蓄热	2370976	1841713	1022229	56.28%
方案四	空气源热泵	—	—	—	4212689	2016431	0%

10.4.4　经济性能对比分析

1. 初投资对比

4 种备选方案初投资对比表如表 10-10、图 10-22、图 10-23 所示。

初投资对比表 表 10-10

比选内容	方案一	方案二	方案三	方案四
初投资（万元）	1701.04	1798.54	2076.20	980.10
单位面积初投资（元/m²）	138.95	146.91	169.59	80.05

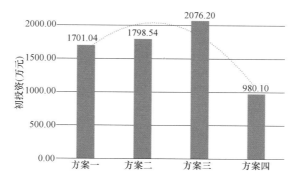

图 10-22　备选方案初投资对比图

四种备选方案初投资比较中，槽式集热器技术方案总投资最高，单位面积初投资 169.59 元/m²，低温空气源热泵投资最低，单位面积初投资 80.05 元/m²。

2. 运行费用对比

项目运行费用包括电费、维修费及管理人力成本，运行费用比选不考虑折旧及银行利息等因素。拉萨市现行商业电价为 0.74 元/kWh。

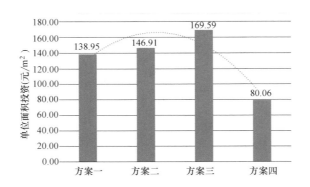

图 10-23　备选方案单位面积初投资对比图

　　四种备选方案年维修费均按 30 万元/a 计算，管理人员工资及福利按人均 20 万元/a 计算。槽式太阳能供暖热源系统全年电耗 1022229kWh，平板式太阳能供暖热源系统全年电耗 1135058kWh，空气源热泵系统全年耗电量 2016431kWh。

　　方案四采用低温空气源热泵方案年运行费用 199.224 万元，年运行费用最高；方案三采用槽式太阳能供暖年运行费用 125.64 万元，年运行费最低；方案三和方案二采用平板集热器＋相变蓄热方案年运行费用 138.99 万元（见图 10-24、图 10-25）。

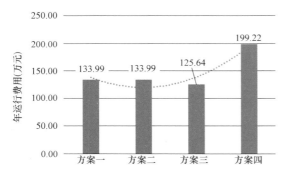

图 10-24　备选方案年总运行费用对比图

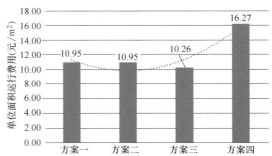

图 10-25　备选方案单位面积运行费用对比图

3. 全生命周期经济性对比

　　结合拉萨的气候特征和太阳能产品性能，全生命周期按 15a 考虑，计算全生命周期内四种备选方案的经济性。四种备选供暖技术方案的初投资＋运行费用变化情况如图 10-26 所示。

　　从表 10-11 中可以看出，综合初投资和运行费用比较，在全生命周期内，四种备选方案经济性优先排序如下：方案一＞方案二＞方案三＞方案四，全生命周期内，方案二总费用较方案一增加了 97.5 万元，方案三总费用较方案一增加了 249.92 万元，方案四总费用较方案一增加了 257.39 万元。

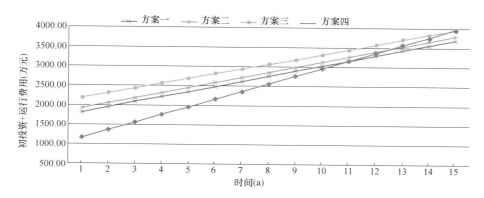

图 10-26　不同技术供暖系统 15a 内经济性变化

全生命周期内四种备选方案经济性对比表　　　　　　　　　表 10-11

内容	技术类型	集热面积(m^2)	初投资（万元）	年运行费用（万元）	全生命周期费用（万元）
方案一	平板集热器＋水蓄能	4524	1701.04	133.99	3710.95
方案二	平板集热器＋相变蓄能	4524	1798.54	133.99	3808.45
方案三	槽式集热器＋水蓄能	3373	2076.20	125.64	3960.87
方案四	低温空气源热泵	—	980.10	199.22	3968.34

第11章 槽式太阳能热水单体建筑供暖设计实例

单体建筑太阳能热水供暖由于充分利用建筑屋面，消除了市政管网建设投资，降低了输配能耗和热损失，被认为是主动式太阳能热水供暖较适宜的供暖形式。槽式太阳能集热器可即时追踪太阳辐射，增加了集热器采光面的有效采光量，具有集热效率高、集热温度高、热输送温差大、系统运行安全可靠等优点。尤其在日照辐射强度高且冬季环境温度低的高寒地区，相较于全玻璃真空管型集热器和平板式太阳能集热器，槽式太阳能集热器不仅能够增加有效集热量，而且解决了夏季过热和冬季防冻的问题，因此近年来在高原太阳能富集地区得到了一定的发展。本章将以典型的单体建筑槽式聚光式太阳能热水供暖工程为实例，详细介绍太阳能热水供暖方案的技术特点和方案确定方法，为类似工程案例提供技术参考。

11.1 工程概况

11.1.1 建筑概况

西藏博物馆坐落于西藏自治区拉萨市，地上 3 层，建筑高度 23.95m，总建筑面积约为 61229m^2，地上总建筑面积约为 54006m^2。图 11-1 为西藏博物馆效果图，博物馆主要分为新展馆区、老馆区、库区、文物研究中心及技术办公区，项目设计拟达到国家绿色建筑三星标准。

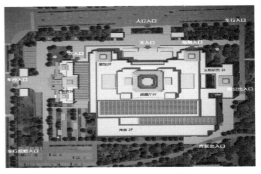

图 11-1 西藏博物馆

11.1.2 室外气象条件

拉萨市具有太阳辐射强烈、冬季干燥寒冷、日较差大、供暖时间长等特征。如

174

图 11-2 所示，拉萨年平均气温 8.1℃，供暖室外计算温度－5.2℃，最冷月平均温度
－1.7℃，最热月平均温度 16.4℃；太阳水平面辐射强度最高可达到 1200W/m²，供暖季
连续阴天数小于 2d，即使阴天太阳散射辐射强度也能达到 350W/m²。

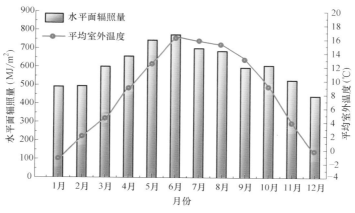

图 11-2　拉萨主要气象参数

11.1.3　室内设计参数

本项目供暖室内设计参数如表 11-1 所示，其中珍品展柜的温湿度参数根据相应文物
需求确定，易冻结区域按 5℃设置值班供暖系统。

供暖室内设计参数　　　　　　　　　　　　　　　　　　　　表 11-1

房间名称	室内温湿度参数		新风量 [m³/(人·h)]	噪声 [dB(A)]
	温度 (℃)	相对湿度 (%)		
展厅	20	≥40	20	≤45
办公室	20	≥40	30	≤45
会议室	20	≥40	20	≤45
多功能厅	20	≥40	20	≤45
门厅/阳光大厅	18	—	无组织新风	≤50
藏品库房(纸类、织品类及竹木)	20±2	50～60	维持正压风量	≤45
藏品库房(金属、岩石、硅酸盐类)	20±2	40～50	维持正压风量	≤45
计算机房	23±1	40～55	维持正压风量	≤45

11.2　能源形式的选择

11.2.1　可再生能源

1. 太阳能
根据《太阳能资源评估方法》QX/T 89—2018，拉萨市属于太阳能资源最丰富地带，

其中全年太阳总辐射量高达 7331.4MJ/m²，年平均日照辐射量为 20MJ/(m²·d)，供暖季平均每日的日照小时数达 8.7h。图 11-3 对比了三座城市太阳能月辐射量变化情况：全年拉萨的总辐照量是北京的 1.45 倍，成都的 2.3 倍；供暖季是北京的 1.67 倍，成都的 3 倍；其中 12 月和 1 月达到了北京的 1.99 倍，成都的 3.35 倍。随着供暖季室外温度的不断降低，拉萨市太阳能总辐照量相较于北京、成都的倍数越高。说明了拉萨市不仅太阳能辐射强度大，而且供暖季日照时间长（定义：太阳直接辐照度≥120W/m² 的各段时间总和），太阳能辐射量稳定，为该地区太阳能资源的广泛利用提供了条件。

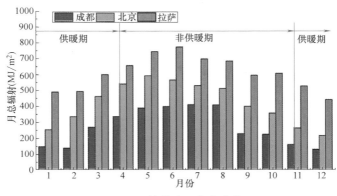

图 11-3　拉萨主要气象参数

2. 空气热能

拉萨冬季气候干燥，供暖期室外空气露点温度大多数时间内都比干球温度低 10℃ 以上，降低了蒸发器结霜的可能。从图 11-4 中可以看出，仅有约 2% 时间段内的空气状态点落在了易结霜区，其余空气状态点均落在了非结霜区。由于蒸发器极少有结霜的可能，使得大多数时间不需要除霜和融霜，降低了空气源热泵结霜能耗；根据本书第 6 章辅助热源系统的介绍，高海拔地区空气换热性能衰减不明显，有利于空气源热泵高效运行，为该地区利用空气源热泵供暖创造了有利条件。

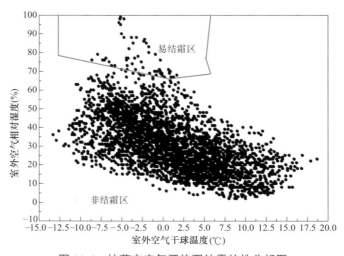

图 11-4　拉萨市空气源热泵结霜特性分析图

11.2.2　传统能源

拉萨是矿物能源严重短缺的城市，周边至今尚未探明煤、气、油资源，城市需要的燃煤、燃油和燃气都需要从 2000km 以外的青海、四川长途运输。考虑到运输成本后，拉萨市的燃煤价格约 1000 元/t，天然气价格 4.5 元/m³，能源价格高昂。由于拉萨属于高海拔地区，矿物能源燃烧不充分，燃烧效率低下，若采用燃煤供暖，污染物排放量较大，既与国家节能减排的政策不符，也不利于保护西藏脆弱的高原生态环境。目前，拉萨市电力供应主要是以水力发电为主，太阳能光伏发电占比也在不断增加，当地无大型重工业企业，电力供应较为充裕且清洁，为项目供暖方案的制定提供了选择。

经分析，为了保护西藏生态环境，积极响应国家节能减排政策，结合当地传统能源和可再生能源利用状况，本项目采用以太阳能供暖为主，电力供暖为辅的能源供应形式。

11.3　建筑动态热负荷模拟

11.3.1　系统划分

博物馆的新展馆区、老馆区、藏品库房区、文物研究中心及技术办公区等房间均采用集中供暖系统。因藏品库房区需维持恒温恒湿，该区域单独设置集中供暖系统，供暖热源以太阳能为主，同时设置了分散式的单制热超低温空气源热泵。由于建筑仅为白天使用，为了降低供暖能耗，采用间歇供暖形式，其中易冻结区域如机电设备用房（用水）、一层门厅、阳光大厅、外区办公用房等夜间温度有可能低于 0℃的房间设置 5℃值班供暖系统。

11.3.2　围护结构参数设定

本项目建筑均按照《西藏自治区民用建筑节能设计标准》DBJ 540001—2016 进行围护结构节能设计，详见表 11-2 与表 11-3。

建筑非透明围护结构热工性能参数　　　　　　　　　　　表 11-2

类别	热阻 (m²·K/W)	传热系数 [W/(m²·K)]	规范限定值 [W/(m²·K)]
屋面	2.821	0.354	0.40
外墙	2.380	0.42	0.50
干挂石材幕墙	2.310	0.433	0.50
隔墙	1.706	0.586	0.60

11.3.3　动态负荷结果分析

项目采用 DesignBuilder 负荷模拟软件，对建筑进行供暖负荷模拟计算，其中供暖周期设定为 11 月 1 日～次年 3 月 31 日，图 11-5 为动态模拟得出的供暖期逐时热负荷分布特征。供暖峰值负荷为 2358kW，单位建筑面积峰值热负荷指标约为 43.7W/m²，全年累计热负荷1188112kWh,单位建筑面积耗热量指标为22kWh/($m^2 \cdot a$)。

建筑透明围护结构热工性能参数   表 11-3

外窗面积 m^2	传热系数限值 W/($m^2 \cdot K$)	遮阳系数限制 SC_w			外窗技术	传热系数设计值 [W/($m^2 \cdot K$)]
		东/西	南	北		
外窗≤2.5	3.2	—	—	—	多腔断热桥铝合金超白三玻中空玻璃窗(6+12Ar+6+12Ar+6)	1.8
2.5<外窗≤4.0	2.5	0.50	—	—	多腔断热桥铝合金超白三玻中空玻璃窗(6+12Ar+6+12Ar+6)	1.8
外窗>4.0	2.0	0.45	—	—	多腔断热桥铝合金超白三玻中空玻璃窗(6+12Ar+6+12Ar+6)	1.8

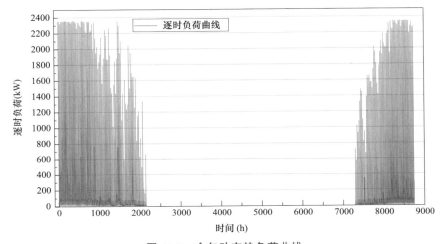

图 11-5　全年动态热负荷曲线

图 11-6 为设计日逐时的动态供暖负荷结果。由于白天采用间歇供暖,在早上启动供

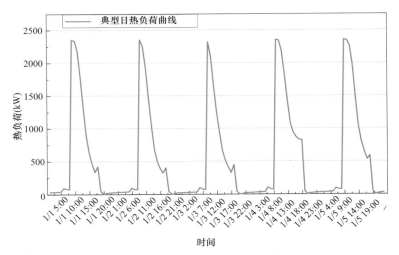

图 11-6　设计日逐时负荷曲线

暖系统时，热负荷最大，为 2358kW，随着室外气温的升高，以及供暖系统的运行，热负荷数值逐渐下降，夜里仅对库房进行供暖，热负荷约为 90kW。

11.4　槽式太阳能供暖系统优化设计

由于建筑屋顶集热可布置面积有限，为了提高太阳能贡献以及解决防冻、放过热，本项目采用了槽式跟踪集热系统，同时其可以加大蓄热温差，降低蓄热容积，解决蓄热设备布置难题。

11.4.1　系统工艺流程

本项目主动式太阳能供暖系统由集热系统、蓄热系统、辅助热源系统和末端系统组成。如图 11-7 所示，其中集热系统主要包括槽式太阳能集热器、导热油泵及其附件；蓄热系统由油—水板壳式换热器、蓄热水箱及蓄热循环水泵组成，考虑蓄热和室内供暖需求的平衡性、缩短蓄热时间，蓄热水箱采取多个承压蓄热水箱；辅助热源系统包含空气源热泵、供暖循环水泵；放热系统包括水—水板式换热器、供暖循环水泵以及地板辐射供暖、全空气一次回风系统等多种形式末端组成。

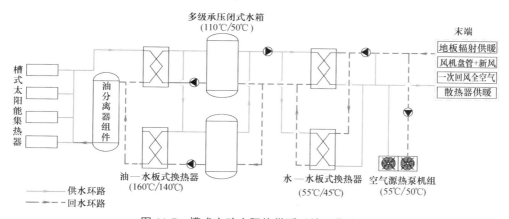

图 11-7　槽式主动太阳能供暖系统工艺流程

具体方案为采用槽式太阳能集热器作为集热热源，承压蓄热水箱作为蓄、放热热源。太阳能集热系统循环介质采用导热油，导热油热介质通过油—水板式换热机组将集热量传递给蓄热环路的循环水，存储于蓄热水箱内。导热油供/回油设计温度为 160℃/140℃，蓄热水箱蓄水温度为 110℃。蓄热水箱通过水—水板式换热机组为建筑物室内末端提供集中供暖热水，供暖系统室内末端供/回水设计温度为 55℃/45℃。分体式空气源热泵作为辅助热源直接为建筑物室内末端提供供暖热水，空气源热泵机组设计供/回水温度为 55℃/50℃。

11.4.2　集热与蓄热计算

结合本书第 4.4 节聚光式集热系统和第 5.3 节蓄热系统的优化方法，本项目建立了图 11-8 所示的计算流程：①基于全年逐时气象参数，采用槽式太阳能集热器瞬时效率方程，累加计算逐时集热量，得出设计日有效集热量，有效集热量应满足建筑典型设计日供暖负荷需求，以此作为集热器面积计算条件；②对整个项目的供暖期逐时负荷进行动态模拟，选取设计日全天供暖负荷逐时累加值作为蓄热容积的计算条件；③基于集热面积与蓄热容积的耦合关系，采用设计日储热量作为蓄热容积的评判依据；④考虑蓄热和室内供暖需求的平衡性、缩短蓄热时间，蓄热水箱采取间隔式或多个蓄热水箱。

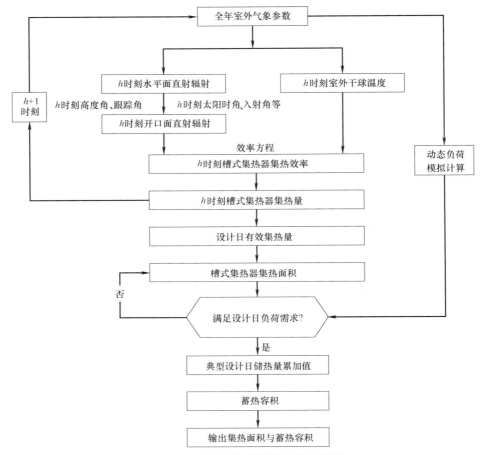

图 11-8　集热量与蓄热量计算流程图

11.4.3　换热器面积计算

太阳能供暖及热水中常用的热交换器有板式换热器及容积式换热器，由于所需水质及水温的不同，太阳能供暖宜采用板式换热器。目前设计中，热交换器热量计算采用下式：

$$Q_{hx} = (k \times f \times Q)/(3600 \times S_y)$$

式中　Q_{hx}——热交换器换热量，kW；

　　　　k——太阳辐照度时变系数；

　　　　f——太阳能保证率，%；

　　　　Q——太阳能供热供暖系统负担的供暖季平均日供热量，kJ；

　　　　S_y——当地的年平均每日的日照小时数，h。

其中太阳能保证率、平均日供热量及平均日照小时数的取值与当地的太阳能辐照度、气候条件、建筑类型等参数有关，因此，工程设计中取值常采用经验数值，造成无法因地制宜，且换热系统容量偏差较大。为了保证集热量基本可以通过换热系统完全换出，本项目根据动态逐时集热量，保证集热量基本可以换出选取换热器容量，如图 11-9 所示。换热器容量约为 1500kW。

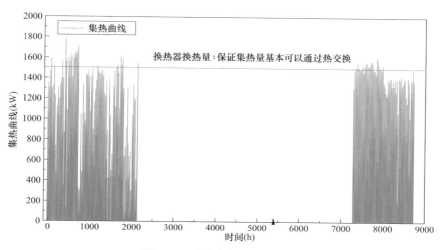

图 11-9　建筑全年集热量变化

11.4.4　典型日热平衡分析

为了论证方案的可行性，制定系统的控制策略，项目选取典型日进行热平衡分析。图 11-10 为博物馆供暖季高峰负荷期热量平衡关系曲线，由于采用间歇供暖的运行方式，早晨启动太阳能供暖系统时，热负荷最大，蓄热水箱供水温度低于系统设定值时，需开启

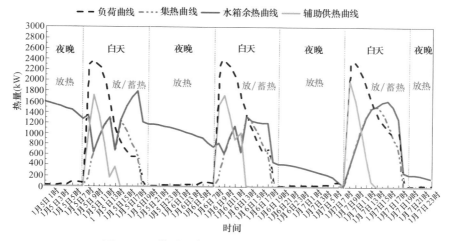

图 11-10　供暖季高峰负荷期热量平衡关系曲线

辅助热源保证建筑热量平衡。随着太阳辐照强度增加，辐照量大于设定值时，集热器追踪集热，蓄热水箱蓄存热量。当供水温度高于系统设定值时，辅助热源停止工作，当蓄水温

度达到系统设定值时，集热系统停止工作。由于夜间仅需对库房等局部房间供暖，热负荷远小于蓄热水箱蓄存热量，太阳能供暖系统足可满足房间温度需求。

11.4.5 系统主要设备配置

经过上述优化设计计算，可得到本项目槽式太阳能供暖系统主要设备配置，如表11-4所示。

槽式太阳能供暖系统主要设备配置表　　　　表 11-4

设备	参数	数量
槽式集热器	$11.25m^2$（$4.29m×2.711m×2.487m$）/组，运行温度范围 100～280℃环境运行温度−30～80℃，寿命≥25a	178 组
整体式导热油—水板式换热机组	内含 2 台油—水板式换热器，单台板换换热量 1200kW；内含 3 台导热油循环泵（2 用 1 备），单台油泵流量 30m^3/h；内含 3 台蓄热侧热水循环水泵（2 用 1 备），单台 108m^3/h	1 台
整体式水—水板式换热机组	内含 3 台水—水板式换热器，换热量 900kW；内含 4 台一次侧释热循环泵（3 用 1 备），单台水泵流量：78m^3/h；内含 4 台二次侧末端系统热水循环水泵（变频泵，3 用 1 备），单台水泵流量：78m^3/h	1 台
整体式水—水板式换热机组（库房区）	内含一台水—水板式换热器，单台换热量 230kW；内含 2 台一次侧释热循环泵（1 用 1 备），单台水泵流量：20m^3/h；内含 2 台二次侧末端系统热水循环水泵（1 用 1 备），单台水泵流量：20m^3/h	1 台
承压蓄热水箱	容积 86m^3	2 台
超低温空气源热泵机组（喷气增焓压缩机）	单台供热量 141kW；配 5 台循环水泵（4 用 1 备），单台水泵流量：146m^3/h	24 台
超低温空气源热泵机组（单热、喷气增焓压缩机）（库房区）	单台供热量 105kW；配 2 台循环水泵（1 用 1 备），单台水泵流量：18.6m^3/h	2 台

第12章 平板太阳能热水区域集中供暖设计实例

12.1 工程概况

浪卡子县位于西藏山南市，平均海拔4500m，现有建筑面积约20万m²，主要建筑类型有住宅、办公、学校、医院等，建筑层数以2~6层为主，建筑结构主要为砖混及框架结构。

12.1.1 气象条件

由于现有规范缺乏浪卡子县的室外气象参数，项目采用日喀则的典型气象年数据经修正后作为设计依据。当地年最低气温可达−19.3℃，气候分区上属于寒冷C区，属于应供暖地区。根据典型年气象数据分析，当地供暖期为10月16日至次年4月22日，共计189d。

12.1.2 能源状况

1. 常规能源

县城区域内无煤炭、石油等化石能源资源分布，当地使用的煤炭主要由青海格尔木运入，运距1000多千米，成本价约1590元/t。当地使用的液化气由山南市运入，价格为9.0元/kg。

电力供应方面，县城35kV电源来自110kV羊湖变电站，装机容量为20MW，单回路供电。目前电能可满足项目的用电需求。

2. 太阳能资源

《太阳能资源评估方法》QX/T 89—2018以太阳能总辐射的年总量为指标将太阳能资源丰富程度分为4级，如表12-1所示。图12-1为浪卡子县气候特征分布特征，当地年日照时数2933.8h，年总辐射量为8133.1MJ/m²，属于太阳能资源"最丰富带"，太阳能

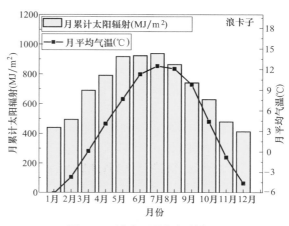

图 12-1 浪卡子县气候特征图

资源具有较好的利用价值。

太阳能资源区划   表 12-1

等级	资源分区	年总辐射量（MJ/m²）	年总辐射量（kWh/m²）	平均日辐射量（kWh/m²）
最丰富带	Ⅰ	≥6300	≥1750	≥4.8
很丰富带	Ⅱ	5040～6300	1400～1750	3.8～4.8
较丰富带	Ⅲ	3780～5040	1050～1400	2.9～3.8
一般带	Ⅳ	<3780	<1050	<2.9

12.1.3 一期供暖工程

2016 年 12 月，日出东方太阳能股份有限公司在浪卡子县开始实施了一期供暖工程，供热建筑面积共计 8.26 万 m²，以居住建筑供暖为主。项目采用太阳能作为供暖主要热源，一期供暖设计热负荷为 4.3MW，集热器采用平板型太阳能集热器，面积 2.2 万 m²，集热循环供/回水温度为 50℃/80℃，太阳能保证率在 90％以上。一期热源场布局如图 12-2 所示。

(a)   (b)

图 12-2 一期热源厂现场图

一期供热管网采用直埋敷设的方式呈枝状布置，热力管网供/回水温度为 75℃/45℃，一次泵直供用户。管网为二期扩容预留条件。蓄热水池按 1.5 万 m³ 设计，考虑了二期增容容量，图 12-3 是大型人工蓄热水池的结构和建造过程照片。一期辅助热源为 2 台 1.5MW 的电锅炉，由于太阳能保证率较高，在 2018 年年底至 2019 年的第一个供暖运行期间未投入使用。

12.1.4 二期供暖工程

二期供暖工程仍采用太阳能作为供暖主要热源，建设内容包括太阳能热源厂、供热管网和供暖末端、建筑节能改造工程，供热建筑面积 11.14 万 m²，以公共建筑为主。二期工程占地面积约为 5.29 万 m²，与一期工程的相对位置关系如图 12-4 所示。

一期供暖工程对蓄热水池、换热器、换热机房进行了预留，在本方案中将对预留容量进行复核。一期主管网经过复核计算可满足二期使用要求，二期项目仅需在一期管网的基础上将新增建筑接入原管网系统。

图 12-3　大型人工蓄热水池修建图示

（a）挖池过程；（b）铺设防渗塑料膜；（c）水池注水后情况；（d）加盖保温层后的情况

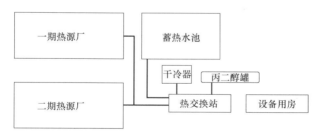

图 12-4　二期供暖工程热源厂相对位置

12.2　建筑动态热负荷模拟

供暖负荷计算采用专业的 EnergyPlus 软件，进行全年动态负荷计算，室内设计温度取 18℃。

12.2.1　模拟计算方法

1. 围护结构热工参数

围护结构热工参数主要依据现场调研数据确定，县城现有建筑层数主要在 1～4 层之间，条形建筑占总量的 90% 以上，建筑结构类型以砖混结构及多层框架结构为主，墙体材料主要为混凝土砌块（见图12-5）。多数建筑外窗以铝合金单层玻璃窗户为主，气密性及传热系数均未能满足节能设计标准要求（见图12-6）。本节分别以县城未保温的围护结构及按节能标准设计的围护结构热工参数，作为模拟计算的输入条件，分析项目围护结构节能改造潜力并确定供暖设计负荷。围护结构热工参数设置如表12-2所示。

(a)

(b)

(c)

图 12-5　县城建筑实景图
（a）学校；（b）电视台；（c）办公

(a)

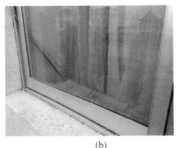
(b)

(c)

图 12-6　透明围护结构实景照片
（a）铝合金单层玻璃；（b）铝合金中空玻璃；（c）气密性差

主要围护结构热工参数设置　　　　　　　　　　　　　　表 12-2

建筑类型	围护结构主要热工参数	备注
未保温的建筑	屋面传热系数:2.59W/(m²·K);外墙传热系数:2.51W/(m²·K);外窗传热系数:5.8W/(m²·K)	按实际构造进行热工计算
按节能标准设计的建筑	屋面传热系数:0.45W/(m²·K);外墙传热系数:0.55W/(m²·K);外窗传热系数:2.5W/(m²·K)	按节能标准取限值

2. 典型建筑模型

分别建立以浪卡子县新疾控中心为代表的办公模型，以浪卡子县水利局宿舍为代表的居住建筑模型，如图12-7所示。

12.2.2　动态负荷结果分析

1. 负荷计算及节能潜力分析

选用当地典型气象年数据，对典型建筑进行全年动态负荷计算。计算结果如图12-8、图12-9所示，未采取节能措施的住宅类建筑，供暖热负荷在0～80W/m² 之间波动。按节

图 12-7　建筑物理模型
（a）住宅；（b）办公

能标准设计的住宅类建筑，供暖热负荷在 $0\sim66.4\mathrm{W/m^2}$ 之间波动；未采取节能措施的办公类建筑，供暖热负荷在 $0\sim150.0\mathrm{W/m^2}$ 之间波动，按节能标准设计的办公类建筑，供暖热负荷指标在 $0\sim113.5\mathrm{W/m^2}$ 之间波动。

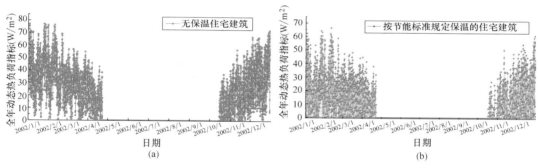

图 12-8　住宅单位面积热负荷指标计算图
（a）未保温住宅；（b）按节能标准设计的住宅

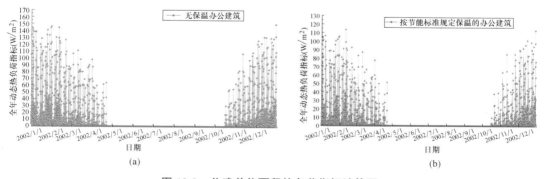

图 12-9　公建单位面积热负荷指标计算图
（a）未保温的办公建筑；（b）按节能标准设计的办公建筑

图 12-10 对建筑采取节能措施后的节能率进行了对比分析，住宅建筑节能率可达 50.4%，办公建筑节能率可达 46.0%，节能改造的节能潜力较大，应优先进行围护结构节能改造，减小热源及系统投资。

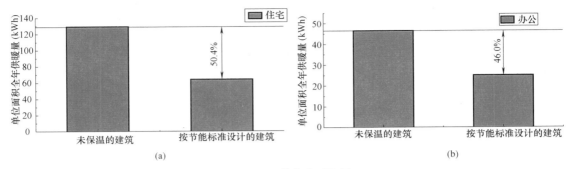

图 12-10 节能率对比图

(a) 住宅建筑；(b) 办公建筑

2. 围护结构节能改造建议

供暖季典型日建筑的热平衡分析如图 12-11、图 12-12 所示。热负荷主要包括外窗失热、外墙失热、冷风渗透、地面蓄放热、顶板/地面和屋顶蓄放热。冷风渗透占比高达 33.36%，其次是外墙、屋顶、外窗，占比在 20%～30% 之间。因此，在资金有限的情况下，建议节能改造遵循以下原则：

（1）外门窗的冷风渗透及传热负荷在总负荷中占比达到了 53% 以上，且改造难度最小，故应优先改造，可同时解决外窗传热及冷风渗透。

（2）在不破坏结构层及防水的前提下，改造屋面。

（3）由于目前适合高原建筑外墙保温的材料少，且改造后恢复难度大，外墙改造应最后考虑。

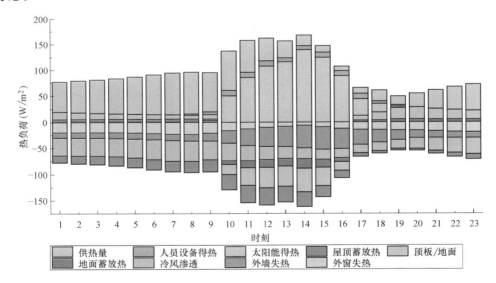

图 12-11 热平衡分析图

3. 建筑热指标及热负荷统计

热源站设计按节能改造后的热负荷确定，根据前述计算，剔除少数极端负荷后，热源站设计取热负荷指标住宅为 $59.0W/m^2$，办公为 $63.3W/m^2$（见表 12-3）。

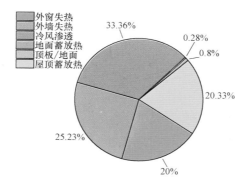

图 12-12 典型日围护结构负荷构成

总热负荷统计表 表 12-3

建筑类型	建筑面积(m²)	热负荷指标(W/m²)	总热负荷统计(MW)
住宅	7821.29	59.0	0.4
公共建筑	103602.00	63.3	6.5
合计			6.9

12.3 太阳能供暖方案的优化设计

供暖期间,集热系统白天集热量一方面用于建筑供暖,多余的部分储存在蓄热水箱中;夜晚首先采用蓄热水箱中的热量进行供暖,不足部分采用辅助热源补充。系统出现过热时,开启动风冷式干冷器散热。太阳能集热系统循环供水温度 75～80℃,回水温度 40～50℃,二次网供/回水温度 65℃/35℃。

12.3.1 太阳能集热系统设计

1. 集热器类型选择

集热器选择与一期相同的大平板型太阳能集热器,大平板型太阳能集热器进/出口温度在 80℃/50℃时效率约为 60%,使用寿命可达 30a,具有可承压运行、更换方便、热性能好、运行安全、安装后维修工作少等特点,适合高原地区使用。图 12-13 是大平板型太阳能集热器实物图,每块集热器的长×宽×高尺寸为 5975mm×2532mm×174mm,采光面积 13.75m²。

2. 集热器安装倾角优化

根据本书第 5.4 节提出的有效集热量计算方法,对浪卡子太阳能集热器安装方位与安装倾角进行了模拟优化计算,结果如图 12-14 所示,项目最优的安装方位角为南,最佳倾角为 50°。

但考虑到当地风大,为了避免集热器支架的破坏,选择 40°的安装倾角。

3. 集热器安装间距设计

根据本书第 5.5 节提出的计算方法,计算得出集热器前后排之间的最小水平安装间距为 5.0m,该距离可避免集热器相互遮挡。

图 12-13　大尺寸型高性能平板太阳能集热器

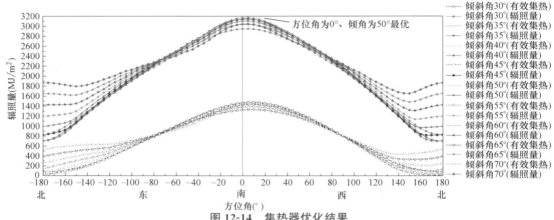

图 12-14　集热器优化结果

4. 太阳能集热面积计算

根据本书第 5.5 节提出的计算方法，计算得到集热器安装面积与太阳能供暖系统贡献率的变化关系如图 12-15 所示。考虑积灰、集热器热容修正之后，确定本项目最终的集热面积为 29400m² （供暖面积 111423.29m²），此时太阳能供暖系统的贡献率为 90.81%。全年总供热量为 9700405.8kWh，辅助热源供热量为 898342.2kWh，蓄热供热量为 8178899.4kWh，集热直接供热量为 617247.3kWh。

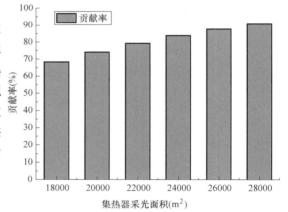

图 12-15　集热面积与太阳能贡献率变化关系

5. 太阳能集热器的连接

集热器的连接方式分为串联、并联和串并联组合三种。本工程为强制循环系统，采用串并联组合连接的方式，为了便于布置管路，采用异程连接形式，在各并联支路上设置平衡阀调节流量。本项目单个平板型太阳能集热器采光面积 13.75m²，共需要 2139 个平板型太阳能集热器，每 15 台集热器串联成 1 个集热器组，共 143 组。

12.3.2　太阳能蓄热系统设计

太阳能供暖的水蓄热方式主要有钢罐蓄热和大型人工水池蓄热。本项目一期供暖工程选用蓄热水池蓄热，且为二期供暖工程预留了容量，故二期供暖工程仍采用蓄热水池的方式蓄热。根据水箱余热逐时曲线和蓄热温差，可得蓄热容积约为 $7500m^3$。一期工程蓄热容积为 1.5 万 m^3，一期安装集热面积约 2.2 万 m^2，水箱实际利用容积约 $7000m^3$（见图 12-16）。可见，一二期合用后原蓄热水池容积指标相对较为合理。

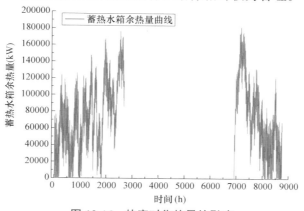

图 12-16　热容对集热量的影响

12.3.3　换热系统设计

1. 换热器类型的选择

太阳能集热系统中的加热介质为防冻液，与热网中的被加热介质相互独立，只有热量交换，故本项目选用表面式水—水换热器。表面式换热器有壳管式、容积式、板式、螺旋板式、波面板式、浮动盘管式、可拆盘管式等，结合本项目实际情况，选用换热系数较高、操作维修方便的板式换热器。

2. 换热器容量的设计

太阳能集热阵列与蓄热水池（罐）之间一次侧供/回温度按照（85～50）℃/（45～35）℃设计，选用液体—液体板式换热器，换热器换热功率按照满足太阳能最大产热量选型。经计算得换热器换热功率为 17.5MW（原一期由丹麦方设计，部分热量（3.6MW）分至一期换热器，充分利用原来换热设备功能，故二期换热机房新增换热换热量为 13.9MW）。本项目选用 1 台整体式丙二醇水溶液—水板式换

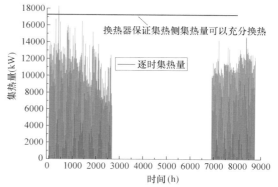

图 12-17　集热器逐时集热量

热机组，内含丙二醇水溶液—水板式换热器，换热量 13.9MW。用户侧蓄热水池与供热管网之间，供/回温度按照 65℃/35℃设计，选用 1 台整体式水—水板式换热器，换热功率按照供暖设计总负荷 6.9MW 选型（见图 12-17）。

12.3.4　辅助热源系统设计

1. 辅助热源类型选择

当地电力能源充足，具备作为辅助热源的条件。由于管网供热水温度按照 65℃设计，

且浪卡子县冬季室外温度极低，空气源热泵运行 *COP* 极易低于 2.0，不宜选用空气源热泵作为辅助热源。考虑到电锅炉作为辅助热源保障性高，一期配置的电锅炉在供暖期基本未投入使用，故仍选用电锅炉作为本项目的辅助热源。

2. 辅助热源容量确定

本期供暖总面积 11.14 万 m^2，根据典型日热平衡计算可得（见图 12-18），本工程辅助加热设备选用 2 台电锅炉，单台功率 1.5MW。考虑到一期的辅助热源设计后从未投入使用，故本期暂不新设辅助热源，仍沿用一期的两台 1.5MW 的电锅炉。

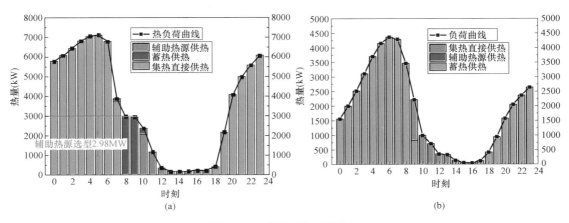

图 12-18　典型日热平衡分析

（a）严寒季节；（b）非严寒季节

12.3.5　全年热量平衡分析

经分析，确定集热器安装面积为 $29400m^2$，此时太阳能供暖系统的贡献率为 90.81%。全年总供热量为 9700405.8kWh，辅助热源供热量为 898342.2kWh，蓄热供热量为 8178899.4kWh，集热直接供热量为 617247.3kWh，如图 12-19 所示。

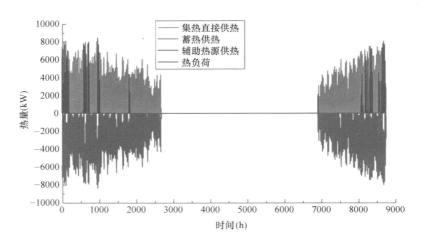

图 12-19　全年热平衡分析

12.4　节能效益分析

与常规燃煤锅炉相比，本项目每年可节约 2178.9tce。通过降低常规能源的消耗，本项目实施后，每年可以减少二氧化碳排放 5665.4t，减少二氧化硫排放 43.57t，减少粉尘排放 21.78t。经计算，系统输配能耗、辅助热源全年电耗共计 122.36 万 kWh，折合标准煤约 382t。系统若全部采用电锅炉供暖需耗电 1000.04 万 kWh（见图 12-20）。因此，项目全年节能率约为 87.9%。

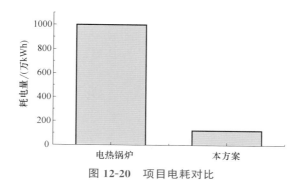

图 12-20　项目电耗对比

附录1 太阳能资源区划

附录1.1 基于全年利用的太阳能资源区划

分区	太阳辐照量 [MJ/(m² · a)]	主要地区	月平均气温≥10℃、日照时数≥6h的天数
资源极富区（Ⅰ）	≥6700	新疆南部、甘肃西北一角	275左右
		新疆南部、西藏北部、青海西部	275～325
		甘肃西部、内蒙古巴彦淖尔市西部、青海一部分	275～325
		青海南部	250～300
		青海西南部	250～275
		西藏大部分	250～300
		内蒙古乌兰察布市、巴彦淖尔市及鄂尔多斯市一部分	>300
资源极富区（Ⅱ）	5400～6700	新疆北部	275左右
		内蒙古呼伦贝尔市	225～275
		内蒙古锡林郭勒盟、乌兰察布、河北北部一隅	>257
		山西北部、河北北部、辽宁部分	250～275
		北京、天津、山东西北部	250～275
		内蒙古鄂尔多斯市大部分	275～300
		陕北及甘肃东部一部分	225～275
		青海东部、甘肃南部、四川西部	200～300
		四川南部、云南北部一部分	200～250
		西藏东部、四川西部和云南北部一部分	<250
		福建、广东沿海一带	175～200
		海南	225左右
资源较丰富区（Ⅲ）	4200～5400	山西南部、河南大部分及安徽、山东、江苏部分	200～250
		黑龙江、吉林大部	225～275
		吉林、辽宁、长白山地区	<225
		湖南、安徽、江苏南部、浙江、江西、福建、广东北部、湖南东部和广西大部	150～200
		湖南西北、广西北部一部分	125～150
		陕西南部	125～175
		湖北、河南西部	150～175
		四川西部	125～175
		云南西南一部分	175～200
		云南东南一部分	175左右
		贵州西部、云南东南一隅	150～175

分区	太阳辐照量 [MJ/(m²·a)]	主要地区	月平均气温≥10℃、 日照时数≥6h的天数
资源一般区 （Ⅳ）	<4200	四川、贵州大部分	<125
		成都平原	<100

附录1.2　基于供暖应用的我国主要城市太阳辐射资源区划

城市	水平面太阳总辐射累积值（MJ/m²）	水平面太阳直射辐射累积值（MJ/m²）	基于供暖应用的太阳能分区	回收期（a）
重庆	10.9	0.6	Ⅳ	>20
酉阳	267.0	73.4	Ⅳ	>20
万源	362.1	114.9	Ⅳ	>20
梁平	112.7	22.4	Ⅳ	>20
奉节	126.2	27.4	Ⅳ	>20
大陈岛	176.6	60.8	Ⅳ	>20
定海	323.6	132.6	Ⅳ	>20
杭州	417.0	152.0	Ⅳ	>20
丽水	247.3	126.2	Ⅳ	>20
临海	300.4	166.4	Ⅳ	>20
衢州	217.9	93.4	Ⅳ	>20
嵊泗	357.4	136.3	Ⅳ	>20
嵊州	488.5	218.0	Ⅳ	>20
石浦	364.2	146.8	Ⅳ	>20
保山	0.0	0.0	Ⅳ	>20
楚雄	10.8	0.7	Ⅳ	>20
大理	36.5	11.5	Ⅳ	>20
德钦	2525.8	1528.0	Ⅱ	12.0
耿马	0.0	0.0	Ⅳ	>20
广南	51.9	4.0	Ⅳ	>20
会泽	430.3	174.6	Ⅳ	>20
江城	0.0	0.0	Ⅳ	>20
景洪	0.0	0.0	Ⅳ	>20
昆明	31.1	0.5	Ⅳ	>20
澜沧	0.0	0.0	Ⅳ	>20
丽江	292.6	179.7	Ⅳ	>20
临沧	0.0	0.0	Ⅳ	>20
芦西	105.6	12.4	Ⅳ	>20
蒙自	4.4	0.0	Ⅳ	>20

续表

城市	水平面太阳总辐射累积值（MJ/m²）	水平面太阳直射辐射累积值（MJ/m²）	基于供暖应用的太阳能分区	回收期（a）
勐腊	0.0	0.0	IV	＞20
瑞丽	0.0	0.0	IV	＞20
思茅	0.0	0.0	IV	＞20
腾冲	0.0	0.0	IV	＞20
元谋	0.0	0.0	IV	＞20
沾益	186.0	68.4	IV	＞20
昭通	747.1	326.9	IV	＞20
安庆	232.3	76.1	IV	＞20
蚌埠	563.0	254.1	IV	＞20
亳州	655.6	279.3	IV	＞20
阜阳	518.7	244.8	IV	＞20
合肥	421.6	155.7	IV	＞20
黄山	1373.4	539.2	IV	＞20
霍山	420.0	202.8	IV	＞20
芜湖	413.9	176.0	IV	＞20
北京	903.3	507.4	IV	＞20
福鼎	71.3	39.3	IV	＞20
福州	0.0	0.0	IV	＞20
九仙山	430.4	147.6	IV	＞20
南平	27.3	9.2	IV	＞20
平潭	0.0	0.0	IV	＞20
浦城	120.6	34.4	IV	＞20
厦门	0.0	0.0	IV	＞20
邵武	247.3	127.4	IV	＞20
永安	63.5	28.9	IV	＞20
漳平	0.0	0.0	IV	＞20
长汀	132.6	48.0	IV	＞20
敦煌	1539.0	991.8	III	19.7
合作	2338.7	1361.6	II	13.0
华家岭	2439.1	1200.0	II	12.4
酒泉	1629.1	1052.4	III	18.6
兰州	1098.0	499.3	IV	＞20
马鬃山	2097.0	1518.9	II	14.5
民勤	1616.3	1066.1	III	18.8
平凉	1289.7	658.3	IV	＞20

续表

城市	水平面太阳总辐射累积值（MJ/m²）	水平面太阳直射辐射累积值（MJ/m²）	基于供暖应用的太阳能分区	回收期（a）
天水	845.0	317.9	IV	>20
乌鞘岭	3329.9	2162.1	I	9.1
武都	413.2	142.8	IV	>20
西峰	1353.0	725.3	IV	>20
玉门	1541.0	957.8	III	19.7
张掖	1593.9	970.6	III	19.0
佛冈	0.0	0.0	IV	>20
高要	0.0	0.0	IV	>20
广州	0.0	0.0	IV	>20
河源	7.2	1.3	IV	>20
连平	37.6	11.7	IV	>20
连州	94.3	21.8	IV	>20
梅州	0.0	0.0	IV	>20
汕头	0.0	0.0	IV	>20
汕尾	0.0	0.0	IV	>20
上川岛	0.0	0.0	IV	>20
韶关	16.1	4.7	IV	>20
深圳	0.0	0.0	IV	>20
信宜	0.0	0.0	IV	>20
阳江	0.0	0.0	IV	>20
湛江	0.0	0.0	IV	>20
百色	3.2	0.0	IV	>20
北海	0.0	0.0	IV	>20
桂林	76.3	5.4	IV	>20
桂平	0.0	0.0	IV	>20
河池	11.5	0.3	IV	>20
柳州	46.2	7.6	IV	>20
龙州	0.0	0.0	IV	>20
蒙山	58.0	19.5	IV	>20
那坡	9.4	0.1	IV	>20
南宁	2.4	0.0	IV	>20
钦州	0.0	0.0	IV	>20
梧州	12.5	2.4	IV	>20
毕节	299.4	49.4	IV	>20
独山	274.5	60.0	IV	>20

续表

城市	水平面太阳总辐射累积值（MJ/m²)	水平面太阳直射辐射累积值（MJ/m²)	基于供暖应用的太阳能分区	回收期（a)
贵阳	236.2	15.8	Ⅳ	＞20
罗甸	28.3	0.5	Ⅳ	＞20
榕江	68.2	2.1	Ⅳ	＞20
三穗	196.4	29.8	Ⅳ	＞20
思南	101.8	4.2	Ⅳ	＞20
威宁	499.8	178.2	Ⅳ	＞20
兴仁	152.9	14.3	Ⅳ	＞20
遵义	179.0	12.1	Ⅳ	＞20
儋州	0.0	0.0	Ⅳ	＞20
东方	0.0	0.0	Ⅳ	＞20
海口	0.0	0.0	Ⅳ	＞20
琼海	0.0	0.0	Ⅳ	＞20
三亚	0.0	0.0	Ⅳ	＞20
保定	878.4	470.6	Ⅳ	＞20
泊头	825.2	401.7	Ⅳ	＞20
承德	1550.1	956.1	Ⅲ	19.6
丰宁	1761.3	1187.7	Ⅲ	17.2
怀来	1400.9	887.2	Ⅳ	＞20
乐亭	1150.5	607.0	Ⅳ	＞20
青龙	1367.1	868.4	Ⅳ	＞20
石家庄	867.6	488.6	Ⅳ	＞20
唐山	1006.3	553.1	Ⅳ	＞20
围场	1752.5	1079.9	Ⅲ	17.3
蔚县	1619.0	1035.9	Ⅲ	18.7
邢台	720.9	368.5	Ⅳ	＞20
张家口	1360.5	865.6	Ⅳ	＞20
安阳	847.2	400.3	Ⅳ	＞20
固始	549.8	263.3	Ⅳ	＞20
卢氏	1024.8	543.6	Ⅳ	＞20
孟津	801.8	382.2	Ⅳ	＞20
南阳	587.7	208.3	Ⅳ	＞20
西华	680.8	279.0	Ⅳ	＞20
信阳	495.8	227.4	Ⅳ	＞20
郑州	702.4	317.6	Ⅳ	＞20
驻马店	640.6	260.4	Ⅳ	＞20

续表

城市	水平面太阳总辐射累积值（MJ/m²）	水平面太阳直射辐射累积值（MJ/m²）	基于供暖应用的太阳能分区	回收期（a）
爱辉	1820.1	1239.1	Ⅲ	16.7
安达	1759.6	1140.4	Ⅲ	17.2
宝清	1425.8	691.0	Ⅳ	>20
福锦	1560.0	829.5	Ⅲ	19.5
哈尔滨	1684.9	1009.3	Ⅲ	18.0
海伦	1640.5	919.9	Ⅲ	18.5
呼玛	1469.6	726.4	Ⅳ	>20
虎林	1570.0	810.1	Ⅲ	19.3
鸡西	1774.3	1116.8	Ⅲ	17.1
克山	1554.0	859.5	Ⅲ	19.5
漠河	1730.7	910.5	Ⅲ	17.5
牡丹江	1748.6	1091.3	Ⅲ	17.4
嫩江	1682.0	950.2	Ⅲ	18.0
齐齐哈尔	1737.3	1157.8	Ⅲ	17.5
尚志	1650.6	896.3	Ⅲ	18.4
绥芬河	1974.4	1140.2	Ⅲ	15.4
孙吴	1637.5	866.3	Ⅲ	18.5
泰来	1704.4	1142.9	Ⅲ	17.8
通河	2413.5	1225.2	Ⅱ	12.6
伊春	1523.9	773.6	Ⅲ	19.9
恩施	166.0	49.4	Ⅳ	>20
房县	576.6	294.5	Ⅳ	>20
光化	405.3	171.7	Ⅳ	>20
江陵	258.1	103.0	Ⅳ	>20
麻城	409.2	189.3	Ⅳ	>20
武汉	304.7	118.4	Ⅳ	>20
宜昌	186.6	49.1	Ⅳ	>20
枣阳	556.5	240.3	Ⅳ	>20
钟祥	269.6	107.7	Ⅳ	>20
常德	160.9	37.4	Ⅳ	>20
郴州	117.8	35.5	Ⅳ	>20
零陵	96.0	10.7	Ⅳ	>20
南岳	764.0	158.8	Ⅳ	>20
邵阳	203.6	54.9	Ⅳ	>20
通道	124.6	2.5	Ⅳ	>20

城市	水平面太阳总辐射累积值（MJ/m²）	水平面太阳直射辐射累积值（MJ/m²）	基于供暖应用的太阳能分区	回收期（a）
武冈	168.7	54.2	Ⅳ	＞20
沅陵	166.0	33.3	Ⅳ	＞20
岳阳	155.8	46.2	Ⅳ	＞20
长沙	142.6	39.4	Ⅳ	＞20
芷江	208.0	30.1	Ⅳ	＞20
敦化	1859.3	1141.9	Ⅲ	16.3
桦甸	1698.9	977.2	Ⅲ	17.9
宽甸	1526.0	948.9	Ⅲ	19.9
临江	1648.9	911.7	Ⅲ	18.4
前郭尔洛斯	1730.8	1150.0	Ⅲ	17.5
四平	1481.3	922.2	Ⅳ	＞20
延吉	1785.4	1276.0	Ⅲ	17.0
长白	1899.7	981.8	Ⅲ	16.0
长春	1792.2	1216.6	Ⅲ	16.9
长岭	1722.6	1205.4	Ⅲ	17.6
东台	725.3	341.1	Ⅳ	＞20
赣榆	895.6	399.1	Ⅳ	＞20
溧阳	517.6	248.0	Ⅳ	＞20
吕四	719.9	403.2	Ⅳ	＞20
南京	656.1	345.1	Ⅳ	＞20
射阳	865.0	408.0	Ⅳ	＞20
徐州	753.6	339.2	Ⅳ	＞20
赣州	72.3	12.0	Ⅳ	＞20
广昌	114.5	25.7	Ⅳ	＞20
吉安	73.2	6.2	Ⅳ	＞20
景德镇	230.8	103.9	Ⅳ	＞20
庐山	749.1	255.5	Ⅳ	＞20
南昌	249.7	114.2	Ⅳ	＞20
南城	164.9	47.1	Ⅳ	＞20
修水	349.4	161.2	Ⅳ	＞20
寻乌	102.7	35.5	Ⅳ	＞20
宜春	275.0	113.8	Ⅳ	＞20
本溪	1480.2	960.0	Ⅳ	＞20
朝阳	1487.2	1114.7	Ⅳ	＞20
大连	1162.9	618.5	Ⅳ	＞20

续表

城市	水平面太阳总辐射累积值（MJ/m²）	水平面太阳直射辐射累积值（MJ/m²）	基于供暖应用的太阳能分区	回收期（a）
丹东	1370.8	736.1	IV	＞20
海洋岛	1257.0	449.8	IV	＞20
锦州	1564.3	1138.0	III	19.4
清原	1559.9	990.7	III	19.5
沈阳	1433.0	893.5	IV	＞20
营口	1155.0	538.9	IV	＞20
障武	1745.2	1324.9	III	17.4
阿巴嘎旗	1985.4	1074.9	III	15.3
阿尔山	2057.7	1022.3	II	14.7
巴林左旗	1896.2	1461.2	III	16.0
巴音毛道	1721.2	1182.7	III	17.6
百灵庙	1962.0	1170.1	III	15.5
宝国吐	1936.7	1507.5	III	15.7
博克图	1783.6	837.9	III	17.0
赤峰	1999.5	1539.6	III	15.2
东胜	1700.7	973.2	III	17.8
多伦	2039.5	1137.6	II	14.9
额济纳旗	1634.7	1178.5	III	18.6
鄂托克旗	1714.6	1035.4	III	17.7
二连浩特	1868.4	1209.8	III	16.2
拐子湖	1570.6	1039.0	III	19.3
海拉尔	1777.4	898.7	III	17.1
呼和浩特	1530.4	823.9	III	19.8
化德	1981.4	1012.8	III	15.3
吉兰泰	1606.9	1007.7	III	18.9
集宁	1909.9	1087.3	III	15.9
林西	2059.2	1497.2	II	14.7
临河	1526.7	879.7	III	19.9
满都拉	1937.1	1233.9	III	15.7
那仁宝力格	1781.2	869.5	III	17.0
通辽	2247.8	1172.9	II	13.5
图里河	3746.1	2283.0	I	8.1
乌拉特后旗	1806.3	1037.7	III	16.8
乌拉特中旗	2018.0	1271.7	III	15.0
乌里雅斯太镇	1689.4	970.2	III	18.0

城市	水平面太阳总辐射累积值（MJ/m²）	水平面太阳直射辐射累积值（MJ/m²）	基于供暖应用的太阳能分区	回收期（a）
西乌珠穆沁旗	1872.2	1068.4	III	16.2
锡林浩特	1745.3	945.2	III	17.4
新巴尔虎右旗	1710.7	950.3	III	17.7
扎鲁特旗	1853.0	1452.3	III	16.4
朱日和	1889.7	1147.7	III	16.1
盐池	1545.5	940.2	III	19.6
银川	1576.0	974.1	III	19.3
中宁	1559.3	974.4	III	19.5
达日	4457.5	3255.0	I	6.8
大柴旦	2888.8	2186.7	II	10.5
德令哈	2419.5	1764.4	II	12.5
都兰	2616.3	1787.4	II	11.6
刚察	2865.7	1558.6	II	10.6
格尔木	2420.0	1799.6	II	12.5
河南	3574.4	2287.0	I	8.5
冷湖	2817.6	2216.8	II	10.8
玛多	5512.6	3998.4	I	5.5
茫崖	2759.9	2105.8	II	11.0
曲麻莱	3971.4	2208.2	I	7.6
沱沱河	5405.9	4118.7	I	5.6
五道梁	6449.5	4794.6	I	4.7
西宁	1960.2	1149.1	III	15.5
玉树	2691.7	1408.3	II	11.3
杂多	3606.6	1901.8	I	8.4
成山头	1122.6	534.0	IV	>20
定陶	802.9	324.6	IV	>20
费县	842.4	375.5	IV	>20
海阳	953.3	425.3	IV	>20
惠民	952.9	434.4	IV	>20
济南	752.5	377.7	IV	>20
陵县	1022.0	490.7	IV	>20
龙口	916.3	338.4	IV	>20
青岛	1056.1	609.3	IV	>20
日照	900.5	346.9	IV	>20
莘县	923.7	415.5	IV	>20

续表

城市	水平面太阳总辐射累积值（MJ/m²）	水平面太阳直射辐射累积值（MJ/m²）	基于供暖应用的太阳能分区	回收期（a）
泰山	1729.5	821.5	Ⅲ	17.5
潍坊	1081.0	538.4	Ⅳ	>20
兖州	982.0	484.3	Ⅳ	>20
沂源	1020.9	506.7	Ⅳ	>20
长岛	1027.6	500.7	Ⅳ	>20
大同	1577.4	875.4	Ⅲ	19.2
河曲	1566.4	1016.8	Ⅲ	19.4
介休	1182.5	695.0	Ⅳ	>20
离石	1360.5	760.3	Ⅳ	>20
太原	1323.6	768.3	Ⅳ	>20
五台山	2467.4	1346.7	Ⅱ	12.3
阳城	1158.0	585.4	Ⅳ	>20
榆社	1570.7	994.0	Ⅲ	19.3
原平	1400.9	867.4	Ⅳ	>20
运城	854.4	398.3	Ⅳ	>20
安康	370.7	112.3	Ⅳ	>20
宝鸡	770.1	318.3	Ⅳ	>20
汉中	449.7	123.0	Ⅳ	>20
华山	1421.1	422.9	Ⅳ	>20
西安	652.5	214.3	Ⅳ	>20
延安	1149.8	629.3	Ⅳ	>20
榆林	1782.0	1203.3	Ⅲ	17.0
上海	483.4	218.8	Ⅳ	>20
巴塘	751.6	513.3	Ⅳ	>20
成都	87.2	17.4	Ⅳ	>20
达州	101.9	29.0	Ⅳ	>20
稻城	2882.0	1937.0	Ⅱ	10.5
德格	2220.2	1292.3	Ⅱ	13.7
甘孜	2620.5	1943.0	Ⅱ	11.6
会理	13.5	8.7	Ⅳ	>20
九龙	1560.3	1109.1	Ⅲ	19.4
康定	1665.9	972.9	Ⅲ	18.2
阆中	88.2	29.3	Ⅳ	>20
理塘	3324.4	2314.6	Ⅰ	9.1

续表

城市	水平面太阳总辐射累积值（MJ/m²）	水平面太阳直射辐射累积值（MJ/m²）	基于供暖应用的太阳能分区	回收期（a）
泸州	19.5	0.3	IV	＞20
马尔康	1580.0	1094.1	III	19.2
绵阳	206.9	86.9	IV	＞20
南充	102.4	35.0	IV	＞20
平武	294.3	107.8	IV	＞20
若尔盖	3241.9	1856.5	I	9.4
色达	3688.4	2648.8	I	8.2
松潘	1848.2	1175.2	III	16.4
西昌	23.9	9.5	IV	＞20
雅安	55.4	4.7	IV	＞20
宜宾	30.7	3.2	IV	＞20
天津	1316.6	625.6	IV	＞20
班戈	4661.9	3202.2	I	6.5
昌都	1848.5	1000.4	III	16.4
丁青	2808.9	1334.7	II	10.8
定日	3948.8	3161.8	I	7.7
拉萨	1925.2	1281.1	II	13.8
林芝	1279.0	495.2	IV	＞20
隆子	3411.3	2724.3	I	8.9
那曲	4157.3	2530.8	I	7.3
帕里	4443.9	2543.6	I	6.8
日喀则	2765.4	2189.9	II	11.0
狮泉河	4663.4	3835.7	I	6.5
索县	3817.2	2500.6	I	7.9
阿合奇	1802.8	1184.3	III	16.8
阿拉尔	1372.8	1078.6	IV	＞20
阿勒泰	1464.5	921.3	IV	＞20
巴楚	1099.9	762.2	IV	＞20
巴仑台	1419.8	1003.9	IV	＞20
巴音布鲁克	2907.1	1861.1	II	10.4
北塔山	1965.8	1237.6	III	15.4
富蕴	1572.0	1020.3	III	19.3
哈巴河	1170.3	600.6	IV	＞20
哈密	1520.4	1103.9	III	20.0
和布克赛尔	1779.7	1102.0	III	17.0

续表

城市	水平面太阳总辐射累积值（MJ/m²）	水平面太阳直射辐射累积值（MJ/m²）	基于供暖应用的太阳能分区	回收期（a）
和田	980.9	594.4	Ⅳ	＞20
精河	1325.3	774.6	Ⅳ	＞20
喀什	1081.5	704.9	Ⅳ	＞20
克拉玛依	1079.1	524.4	Ⅳ	＞20
库车	1228.3	882.4	Ⅳ	＞20
库尔勒	1025.2	690.5	Ⅳ	＞20
皮山	1141.9	723.9	Ⅳ	＞20
奇台	1545.8	1078.1	Ⅲ	19.6
若羌	1651.6	1276.6	Ⅲ	18.4
莎车	1214.9	787.4	Ⅳ	＞20
塔城	1241.3	818.7	Ⅳ	＞20
铁干里克	1436.5	1151.0	Ⅳ	＞20
吐鲁番	1304.1	634.9	Ⅳ	＞20
乌鲁木齐	1118.8	471.1	Ⅳ	＞20
伊宁	1298.6	873.0	Ⅳ	＞20
伊吾	2083.9	1502.9	Ⅱ	14.6

附录 2　集热器安装方位角与安装倾角修正系数

红原太阳能集热器安装倾角与方位角修正系数　　　　附表 2-1

倾角(°) ＼ 方位角(°)	−40	−35	−30	−25	−20	−15	−10	−5	0	5	10	15	20	25	30	35	40
30	1.25	1.21	1.18	1.15	1.13	1.11	1.10	1.09	1.09	1.09	1.09	1.09	1.10	1.11	1.12	1.14	1.17	1.20
35	1.20	1.16	1.13	1.10	1.08	1.06	1.05	1.04	1.04	1.04	1.04	1.05	1.06	1.07	1.10	1.12	1.15
40	1.17	1.13	1.10	1.07	1.04	1.03	1.01	1.01	1.00	1.00	1.00	1.01	1.02	1.04	1.06	1.09	1.12
45	1.15	1.11	1.08	1.04	1.02	1.00	0.99	0.98	0.98	0.97	0.98	0.99	1.00	1.02	1.04	1.07	1.10
50	1.15	1.10	1.07	1.03	1.01	0.99	0.98	0.97	0.96	0.96	0.97	0.97	0.99	1.00	1.03	1.06	1.09
55	1.15	1.11	1.07	1.03	1.01	0.99	0.97	0.96	0.96	0.96	0.96	0.97	0.98	1.00	1.03	1.06	1.09
60	1.17	1.12	1.08	1.05	1.02	1.00	0.98	0.97	0.97	0.96	0.97	0.98	0.99	1.01	1.04	1.07	1.10
65	1.20	1.15	1.11	1.07	1.04	1.02	1.00	0.99	0.98	0.99	1.00	1.00	1.01	1.03	1.06	1.09	1.13
70	1.25	1.19	1.15	1.11	1.07	1.05	1.03	1.02	1.01	1.01	1.02	1.02	1.04	1.06	1.09	1.12	1.16

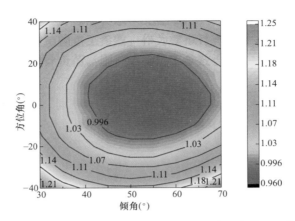

附图 2-1　红原太阳能集热器安装倾角与方位角修正系数

理塘太阳能集热器安装倾角与方位角修正系数　　　　　　附表 2-2

方位角(°) 倾角(°)	−40	−35	−30	−25	−20	−15	−10	−5	0	5	10	15	20	25	30	35	40
30	1.22	1.19	1.16	1.13	1.11	1.10	1.09	1.08	1.07	1.07	1.08	1.08	1.10	1.11	1.13	1.15	1.18
35	1.18	1.15	1.12	1.09	1.07	1.05	1.04	1.03	1.03	1.03	1.03	1.04	1.05	1.07	1.09	1.11	1.14
40	1.16	1.12	1.09	1.06	1.04	1.02	1.01	1.00	1.00	1.00	1.00	1.01	1.02	1.04	1.06	1.09	1.12
45	1.15	1.11	1.07	1.04	1.02	1.01	0.99	0.99	0.98	0.98	0.99	0.99	1.01	1.02	1.04	1.07	1.10
50	1.15	1.11	1.07	1.04	1.02	1.00	0.99	0.98	0.97	0.97	0.98	0.99	1.00	1.02	1.04	1.07	1.10
55	1.16	1.12	1.08	1.05	1.02	1.00	0.99	0.98	0.98	0.98	0.98	0.99	1.00	1.02	1.04	1.07	1.11
60	1.18	1.14	1.10	1.05	1.02	1.00	0.99	0.99	0.99	0.99	0.99	1.01	1.03	1.06	1.09		1.13
65	1.22	1.17	1.13	1.09	1.06	1.04	1.03	1.02	1.01	1.01	1.02	1.02	1.04	1.06	1.08	1.12	1.15
70	1.28	1.22	1.18	1.14	1.11	1.08	1.07	1.05	1.05	1.05	1.05	1.06	1.08	1.10	1.12	1.16	1.20

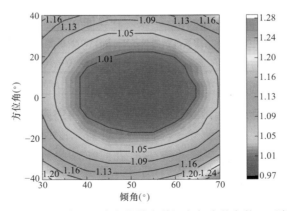

附图 2-2　理塘太阳能集热器安装倾角与方位角修正系数

马尔康太阳能集热器安装倾角与方位角修正系数　　　　　　　　　　　　　　　　附表 2-3

方位角(°) 倾角(°)	−40	−35	−30	−25	−20	−15	−10	−5	0	5	10	15	20	25	30	35	40
30	1.20	1.17	1.14	1.12	1.11	1.09	1.09	1.08	1.08	1.09	1.09	1.10	1.12	1.13	1.15	1.18	1.21
35	1.15	1.12	1.09	1.07	1.06	1.04	1.04	1.03	1.03	1.04	1.05	1.06	1.07	1.09	1.11	1.14	1.17
40	1.12	1.09	1.06	1.04	1.02	1.01	1.00	1.00	1.00	1.00	1.01	1.02	1.04	1.06	1.08	1.11	1.15
45	1.10	1.07	1.04	1.02	1.00	0.99	0.98	0.98	0.98	0.98	0.99	1.00	1.02	1.04	1.06	1.09	1.13
50	1.09	1.06	1.03	1.00	0.99	0.97	0.97	0.96	0.96	0.97	0.98	0.99	1.01	1.03	1.05	1.09	1.13
55	1.09	1.06	1.03	1.00	0.98	0.97	0.96	0.96	0.96	0.97	0.98	0.99	1.01	1.03	1.06	1.09	1.13
60	1.11	1.07	1.04	1.01	0.99	0.98	0.97	0.97	0.97	0.98	0.99	1.00	1.02	1.04	1.07	1.11	1.15
65	1.14	1.09	1.06	1.03	1.01	1.00	0.99	0.99	0.99	0.99	1.00	1.02	1.04	1.06	1.09	1.13	1.18
70	1.14	1.09	1.06	1.03	1.01	1.00	0.99	0.99	0.99	0.99	1.00	1.02	1.04	1.06	1.09	1.13	1.18

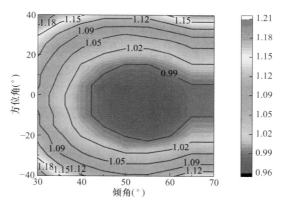

附图 2-3　马尔康太阳能集热器安装倾角与方位角修正系数

那曲太阳能集热器安装倾角与方位角修正系数　　　　　　　　　　　　　　　　附表 2-4

方位角(°) 倾角(°)	−40	−35	−30	−25	−20	−15	−10	−5	0	5	10	15	20	25	30	35	40
30	1.26	1.22	1.19	1.16	1.14	1.13	1.12	1.10	1.10	1.10	1.10	1.11	1.12	1.13	1.15	1.18	1.22
35	1.22	1.18	1.15	1.12	1.10	1.08	1.07	1.06	1.06	1.06	1.06	1.07	1.09	1.10	1.13	1.15	1.19
40	1.20	1.15	1.13	1.10	1.07	1.05	1.03	1.03	1.01	1.01	1.01	1.03	1.05	1.07	1.10	1.13	1.15
45	1.17	1.14	1.10	1.07	1.05	1.03	1.02	1.00	1.00	0.99	1.00	1.02	1.02	1.04	1.07	1.10	1.13
50	1.16	1.14	1.10	1.07	1.05	1.03	1.02	1.00	0.99	0.98	0.99	1.01	1.02	1.04	1.07	1.10	1.13
55	1.17	1.14	1.10	1.07	1.05	1.03	1.02	1.00	0.99	0.99	1.00	1.01	1.02	1.04	1.07	1.10	1.13
60	1.18	1.15	1.10	1.07	1.05	1.03	1.02	1.00	1.00	0.99	1.00	1.02	1.02	1.04	1.07	1.10	1.14
65	1.22	1.19	1.16	1.11	1.08	1.06	1.03	1.00	1.00	1.00	1.02	1.03	1.03	1.05	1.09	1.16	1.16
70	1.27	1.23	1.17	1.13	1.11	1.07	1.03	1.02	1.02	1.02	1.02	1.04	1.09	1.11	1.17	1.19

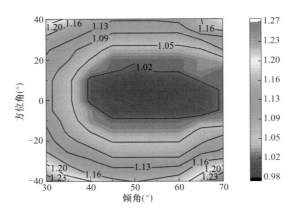

附图 2-4　那曲太阳能集热器安装倾角与方位角修正系数

拉萨太阳能集热器安装倾角与方位角修正系数　　　　　　　　　　附表 2-5

方位角(°) 倾角(°)	−40	−35	−30	−25	−20	−15	−10	−5	0	5	10	15	20	25	30	35	40
30	1.18	1.15	1.12	1.11	1.10	1.07	1.07	1.07	1.07	1.08	1.08	1.09	1.10	1.11	1.13	1.16	1.18
35	1.12	1.10	1.07	1.05	1.04	1.02	1.02	1.01	1.01	1.02	1.03	1.04	1.05	1.07	1.09	1.12	1.15
40	1.10	1.07	1.04	1.02	1.00	1.00	1.00	0.98	0.98	1.00	1.00	1.00	1.02	1.04	1.06	1.07	1.13
45	1.07	1.05	1.03	1.01	1.00	0.98	0.98	0.97	0.97	0.97	0.98	0.98	1.00	1.02	1.04	1.06	1.10
50	1.07	1.04	1.01	0.99	0.98	0.96	0.96	0.95	0.95	0.96	0.97	0.98	0.99	1.01	1.03	1.06	1.10
55	1.07	1.04	1.00	0.99	0.97	0.96	0.94	0.95	0.95	0.96	0.96	0.97	0.99	1.00	1.03	1.06	1.11
60	1.08	1.04	1.01	0.99	0.97	0.97	096	0.96	0.97	0.98	0.99	1.00	1.00	1.02	1.05	1.08	1.13
65	1.11	1.07	1.04	1.01	0.98	0.98	0.99	097	0.98	0.98	0.99	1.00	1.02	1.03	1.07	1.11	1.15
70	1.12	1.07	1.04	1.01	1.01	0.99	0.99	0.98	0.98	0.99	1.00	1.01	1.02	1.05	1.07	1.11	1.16

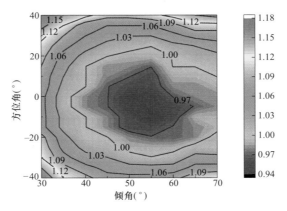

附图 2-5　拉萨太阳能集热器安装倾角与方位角修正系数

方位角(°) 倾角(°)	−40	−35	−30	−25	−20	−15	−10	−5	0	5	10	15	20	25	30	35	40
30	1.20	1.17	1.14	1.13	1.11	1.09	1.08	1.08	1.08	1.09	1.09	1.10	1.10	1.12	1.14	1.19	1.21
35	1.18	1.15	1.10	1.06	1.05	1.02	1.02	1.01	1.01	1.02	1.03	1.04	1.05	1.07	1.09	1.16	1.19
40	1.15	1.10	1.09	1.02	1.00	1.00	1.00	0.98	0.98	1.00	1.00	1.00	1.02	1.04	1.06	1.10	1.15
45	1.12	1.06	1.04	1.01	1.00	0.98	0.98	0.97	0.97	0.97	0.98	0.98	1.00	1.02	1.04	1.07	1.12
50	1.07	1.04	1.03	0.99	0.98	0.96	0.96	0.95	0.95	0.96	0.97	0.98	0.99	1.01	1.03	1.08	1.11
55	1.09	1.08	1.04	0.99	0.97	0.96	0.94	0.95	0.95	0.96	0.96	0.97	0.99	1.00	1.03	1.08	1.14
60	1.11	1.07	1.06	0.99	0.97	0.97	0.96	0.96	0.97	0.97	0.98	0.99	1.00	1.02	1.05	1.12	1.17
65	1.15	1.08	1.07	1.01	1.00	0.99	0.99	0.97	0.98	0.99	0.99	1.00	1.02	1.03	1.07	1.16	1.20
70	1.16	1.13	1.08	1.01	1.01	1.00		0.99		0.99		1.01	1.02	1.05	1.07	1.17	1.22

日喀则太阳能集热器安装倾角与方位角修正系数   附表 2-6

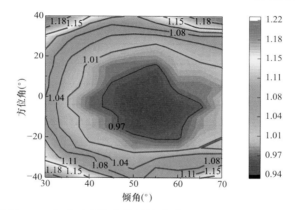

附图 2-6 日喀则太阳能集热器安装倾角与方位角修正系数

附录 3 乙二醇防冻溶液的热物理性质

质量浓度 (%)	起始凝固 温度(℃)	密度(15℃, kg/m³)	温度 (℃)	比热容 [kJ/ (kg·K)]	动力黏度 $\mu \times 10^3$ (Pa·s)	运动黏度 $\nu \times 10^6$ (m²/s)	导热系数 [W/ (m·K)]	导温系数 $a \times 10^4$ (m²/h)	普朗 特数 Pr
4.6	−2	1005	50	4.14	0.59	0.586	0.62	5.33	3.96
			20	4.14	1.08	1.07	0.58	5.00	7.7
			10	4.12	1.37	1.365	0.57	4.95	9.9
			0	4.10	1.96	1.95	0.56	4.85	14.4
8.4	−4	1010	50	4.10	0.69	0.68	0.59	5.15	4.75
			20	4.06	1.18	1.17	0.57	5.00	8.4
			10	4.06	1.57	1.55	0.56	4.90	11.4
			0	4.06	2.26	2.23	0.55	4.80	16.7

质量浓度（%）	起始凝固温度（℃）	密度（15℃，kg/m³）	温度（℃）	比热容 [kJ/(kg·K)]	动力黏度 $\mu\times10^3$（Pa·s）	运动黏度 $\nu\times10^6$（m²/s）	导热系数 [W/(m·K)]	导温系数 $a\times10^4$（m²/h）	普朗特数 Pr
12.2	−5	1015	50	4.06	0.69	0.677	0.58	5.08	4.8
			20	4.02	1.37	1.35	0.55	4.80	10.1
			10	4.00	1.86	1.84	0.54	4.80	13.8
			0	3.98	2.55	2.51	0.53	4.77	18.9
16	−7	1020	50	4.02	0.78	0.77	0.56	4.90	5.65
			20	3.94	1.47	1.45	0.53	4.80	10.8
			10	3.91	2.06	2.02	0.52	4.72	15.4
			0	3.89	2.84	2.79	0.51	4.63	21.6
			−5	3.89	3.43	3.37	0.5	4.55	26.6
19.8	−10	1025	50	3.98	0.78	0.76	0.55	4.80	5.7
			20	3.89	1.67	1.63	0.52	4.70	12.5
			10	3.87	2.26	2.2	0.51	4.65	17
			0	3.85	3.14	3.06	0.5	4.55	24.2
			−5	3.85	3.82	3.73	0.49	4.49	30
23.6	−13	1030	50	3.94	0.88	0.858	0.52	4.66	6.6
			20	3.85	1.77	1.72	0.5	4.53	13.7
			10	3.81	2.55	2.48	0.49	4.53	19.6
			0	3.77	3.53	3.44	0.49	4.53	27.4
			−10	3.77	5.1	4.95	0.49	4.53	39.4
27.4	−15	1035	50	3.85	0.88	0.855	0.51	4.62	6.7
			20	3.77	1.96	1.9	0.49	4.50	15.2
			0	3.73	3.92	3.8	0.48	4.45	31
			−10	3.68	5.69	5.5	0.48	4.50	44
			−15	3.66	7.06	6.83	0.47	4.47	55
31.2	−17	1040	50	3.81	0.98	0.94	0.5	4.55	7.5
			20	3.73	2.16	2.07	0.48	4.45	16.8
			0	3.64	4.41	4.25	0.47	4.45	34.5
			−10	3.64	6.67	6.45	0.47	4.45	52
			−15	3.62	8.24	7.9	0.46	4.40	65
35	−21	1045	50	3.73	1.08	1.03	0.48	4.40	8.4
			20	3.64	2.45	2.35	0.47	4.40	19.2
			0	3.56	4.9	4.7	0.47	4.50	37.7
			−10	3.56	7.65	7.35	0.45	4.40	60
			−15	3.54	9.32	8.9	0.45	4.40	73
			−20	3.52	11.77	11.3	0.45	4.45	92

附录4　导热油热物理性质

温度 （℃）	密度 （kg/m³）	比热 ［kJ/(kg·K)］	焓值 （kJ/kg）	汽化热 （kJ/kg）	导热系数 ［W/(m·K)］	黏度 ［mPa·s］	蒸汽压力 （kPa）	温度 （℃）
−29	905	1.73	−19.4	418.3	0.1341	1900		−29
−26	903	1.74	−14.6	416.3	0.1337	1405		−26
−18	897	1.77	0	410.5	0.1328	612		−18
−7	890	1.81	19.9	402.7	0.1315	236		−7
4	882	1.85	40.3	395.1	0.1302	105.4		4
16	875	1.89	61	387.5	0.1289	53.1		16
27	867	1.93	82.3	380.1	0.1276	29.6		27
38	860	1.97	103.9	372.8	0.1264	17.87		38
49	852	2.01	126	365.6	0.1251	11.57		49
60	845	2.05	148.6	358.5	0.1238	7.93		60
71	837	2.09	171.6	351.5	0.1225	5.71		71
82	830	2.13	195	344.6	0.1212	4.27	0.012	82
93	822	2.17	218.9	337.8	0.1199	3.31	0.023	93
104	815	2.21	243.2	331.1	0.1186	2.64	0.041	104
116	807	2.25	267.9	324.5	0.1173	2.16	0.071	116
127	800	2.29	293.1	317.9	0.116	1.797	0.12	127
138	792	2.32	318.7	311.5	0.1147	1.524	0.2	138
149	784	2.36	344.7	305.1	0.1134	1.311	0.32	149
160	777	2.4	371.2	298.8	0.1121	1.142	0.5	160
171	769	2.44	398.1	292.6	0.1108	1.005	0.77	171
182	761	2.48	425.5	286.5	0.1095	0.892	1.16	182
193	753	2.52	453.3	280.3	0.1082	0.798	1.71	193
204	745	2.56	481.5	274.3	0.1069	0.718	2.49	204
216	737	2.6	510.2	268.3	0.1056	0.65	3.55	216
227	729	2.64	539.3	262.3	0.1043	0.59	4.99	227
238	721	2.68	568.8	256.3	0.103	0.538	6.92	238
249	712	2.72	598.7	250.3	0.1017	0.492	9.47	249
260	704	2.75	629.1	244.3	0.1003	0.451	12.8	260
271	695	2.79	660	238.3	0.099	0.414	17.1	271
282	686	2.83	691.2	232.3	0.0977	0.381	22.5	282
288	682	2.85	707	229.3	0	0.366	25.8	288
293	677	2.87	722.9	226.3	0.0964	0.351	29.4	293
304	668	2.91	755	220.1	0.0951	0.324	38	304
316	659	2.95	787.6	214	0.0938	0.298	48.7	316

附录5　压力与水的沸点对应关系

压力 (Pa)	沸点 (℃)	压力 (Pa)	沸点 (℃)	压力 (Pa)	沸点 (℃)
42000	77.034	71000	90.305	92000	97.292
51000	81.811	72000	90.675	93000	97.590
52000	82.297	73000	91.04	94000	97.885
53000	82.775	74000	91.401	95000	98.178
54000	83.246	75000	91.758	96000	98.469
55000	83.709	76000	92.111	97000	98.757
56000	84.166	77000	92.46	98000	99.042
57000	84.615	78000	92.806	99000	99.325
58000	85.059	79000	93.147	100000	99.606
59000	85.495	80000	93.486	101325	100.000
60000	85.926	81000	93.82	202650	119.600
61000	86.315	82000	94.151	303975	132.900
62000	86.77	83000	94.479	405300	142.900
63000	87.183	84000	94.804	506625	151.100
64000	87.591	85000	95.125		
65000	87.793	86000	95.444		
66000	88.391	87000	95.759		
67000	88.793	88000	96.071		
68000	89.171	89000	96.381		
69000	89.553	90000	96.687		
70000	89.932	91000	96.991		